세계의 귀여운 빵

일러스트 판토마네기
감수 이노우에 요시후미
옮김 이진숙

프롤로그

'빵이 있는 곳이 나의 나라'라는 라틴어 격언이 있다고 합니다. 빵은 라틴어로 파니스(panis), 이탈리아어로 파네(pane), 스페인어로 판(pan), 프랑스어로 팽(pain)으로, 어원이 모두 '음식'을 의미합니다. 빵은 먹거리 자체를 가리켰던 것입니다.

영어의 브레드(bread)는 한 조각 또는 한 편을 의미하는 말에서 유래되었는데, 컴패니언(companion)은 '함께 빵을 먹는다'는 의미에서 동료나 상대를 가리키는 말이 되었습니다. 빵은 밀가루를 주식으로 삼는 나라에 있어서 문화 그 자체를 의미합니다. 일본도 독자적으로 진화를 거듭해온 빵 안에 일본이 투영되어 있다고 말할 수 있지 않을까요?

이 책에서는 전 세계의 다양한 빵을 나라별, 지역별로 소개합니다. 책에 있는 빵은 대부분 일본에서 구매가 가능합니다. 전 세계의 빵을 맛보고, 아직 가보지 못한 나라로 상상의 여행을 떠나보시기 바랍니다.

contents

3

북유럽 · 동유럽 빵 p.84

영국 빵 p.108

북미 · 남미 빵 p.116

중동 · 아시아 빵 p.132

이 책을 읽는 방법

A. 빵의 정식 명칭

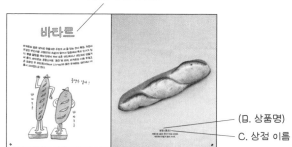

(B. 상품명)
C. 상점 이름

왼쪽 페이지의 빵 이름은 정식 명칭입니다. 오른쪽 페이지는 그 대표적인 예를 사진으로 소개합니다. 정식 명칭과 상품명이 같은 경우는 상품명을 생략하고, 다른 경우는 상점 이름 상단에 상품명을 표기했습니다.

알아두어야 할 제빵 용어

린 브레드

밀가루, 물, 효모, 소금을 기본 재료로, 달걀, 버터 등의 유지, 유제품 등의 부재료가 거의 함유되지 않은 심플한 맛의 빵을 말한다. 대표적으로 바게트, 호밀빵 등이 있다.

리치 브레드

린 브레드와 같은 저배합 빵에 비해 달걀, 버터, 유제품 등이 많이 함유된 빵으로, 대표적으로 크루아상, 브리오슈, 데니시 등이 있다.

크러스트

이 부분

빵의 겉면, 껍질을 말하는 것으로, 굽기 색이 나는 딱딱한 부분을 말한다. 피, 표피, 귀라고도 한다. 식빵의 귀도 크러스트의 일종이다.

크럼

이 부분

빵의 속살 부분으로, 크러스트 안쪽에 있는 부드러운 부분을 말한다. 내층이라고도 한다.

쿠프

잘린 모양

오븐에 넣기 직전, 생지의 표면에 넣는 칼집을 말한다. 칼집을 넣으면 빵에 생기는 균열이 정리되어 보기 좋은 모습으로 구워진다. 부풀림도 좋아져서 볼륨을 내는 역할도 한다.

글루텐

밀가루의 글루테닌과 글리아딘이라는 단백질이 물을 흡수해서 생기는 탄성과 점성을 가지는 성질. 일본어로는 후(麩)라고도 한다. 생지를 부풀리는 원동력이 된다. 밀가루는 글루텐을 만드는 단백질의 함유량에 따라 강력분, 중력분, 박력분으로 나뉘는데, 일반적으로 식빵에는 강력분이 적합하다. 프랑스 빵을 비롯한 유럽 빵은 단백질이 조금 적게 함유된 밀가루를 사용한다.

기포 구조

빵은 기포의 집단으로, 빵의 속살이 어떤 상태인가를 '기포 구조'. 일본어로는 스다치 혹은 키메다치라고 한다. 기포가 많은 빵일수록 기포 구조가 촘촘하고 기포 막이 얇아진다. 빵을 먹는다는 것은 기포 막을 먹는 것으로, 기포 구조가 촘촘한 빵은 부드럽고, 기포 구조가 거친 빵은 씹는 맛이 강하다.

오븐 스프링

빵을 오븐에 넣고 굽는 초기 단계에서 생지가 급속하게 부풀어 오른 것을 말한다.

케이빙

오븐에서 구워낸 후, 빵의 윗면이나 측면이 함몰되어 변형된 것으로, '허리가 꺾였다'라고도 표현한다. 빵의 골격이 중량을 지탱하지 못해서 일어나는 현상이다. 단과자에 생기는 주름이나 프랑스 빵의 균열도 케이빙의 일종이다.

빵이 만들어지기까지

1. 빵 생지를 만든다

밀가루(주로 강력분)에 물, 빵효모, 소금을 넣고 잘 반죽한다.

2. 1차 발효 (생지 발효)

반죽한 빵 생지를 잠재워서 발효시킨다. 온도 25~27℃, 습도 75%의 환경이 일반적이다. 발효 시간은 사용하는 효모의 양에 따라 달라진다. 빵의 냄새와 풍미를 결정짓는 중요한 작업이다.

3. 펀치

1차 발효 과정에서 부풀어 오른 생지를 접어 가스를 빼서 생지의 탄력성을 좋게 만든다. 야생의 효모로 발효시켰던 시대에는 생지가 너무 부드럽고 묽어서 접기 전, 강하게 두드려서 만들었다. 그래서 생지를 접는 작업인데도 '펀치'라고 부른다.

4. 벤치 타임

생지를 분할해서 둥글린 다음, 건조해지지 않도록 주의를 기울이며 20분 정도 둔다. 둥글리기 과정에서 수축된 생지를 부드럽게 만들어 성형하기 좋게 하기 위함이다.

5. 성형

벤치 타임이 끝난 생지를 빵의 형태로 만든다. 형태뿐 아니라 생지의 탄력성을 높이고 기포 수를 늘린다.

6. 2차 발효 (최종)

건조해지지 않게 주의하면서 생지를 발효시키고 빵의 70~80% 크기로 부풀린다. 소프트 계열 빵의 경우, 온도 38℃, 습도 85~90%로 습식 사우나와 같은 환경이 필요하다. 유럽의 파스타 스타일의 빵은 온도 27℃, 습도 75%가 일반적이다.

7. 굽기

200℃ 전후로 가열한 오븐에 넣고 생지를 '빵'으로 변신시킨다. 굽기 온도와 시간은 빵의 종류와 크기에 따라 달라진다. 바게트를 비롯한 유럽풍의 빵은 오븐에 넣을 때 스팀을 넣고 굽는 경우가 많다. 오븐 안에서 생지는 크게 부풀어 오르고, 전분이 호화되어 입에서 살살 녹는 '빵'으로 만들어진다. 빵 만들기에 무엇보다 중요한 공정 과정이다.

빵 문화를 지켜오고 있는 나라, 프랑스

'파리에서는 세계 최고의 빵을 먹을 수 있다'라는 말은 1651년, 루이 14세를 따랐던 니콜라 드 본누퐁이 요리책 《전원의 즐거움(Le Delicious de la Campagne)》에서 저술한 부분입니다. 본누퐁이 자랑스럽게 선언한 것처럼 프랑스는 빵뿐만 아니라 요리 분야에 있어서 전 세계적으로 영향을 주었습니다.

16세기, 이탈리아의 대부호 메디치 가문과 프랑스 왕가와의 혼인으로 인해 실력이 뛰어난 빵 기술자가 프랑스로 이주했고, 이를 계기로 현대의 프랑스 빵 기초 기술이 확립되었습니다. 17세기 중반 무렵부터 빵 레시피는 엄격하게 관리되었고, 루이 왕조의 최전성기였던 17세기 후반에는 아름다운 미에 대한 탐구가 더욱 강해져서 버터를 듬뿍 넣고 만든 호화로운 빵들이 생겨났습니다.

약 3만여 개의 상점의 리테일 베이커리(상점 안에 주방이 있는, 제조와 판매를 함께 하는 빵집)가 있는 빵 대국인 프랑스도 최근에는 빵 소비량이 극감하게 되어 품질의 저하를 우려했습니다.

마침내 1993년, '르 데크레 팽'이라는 빵에 관한 법률을 정하여 빵의 품질을 지키기 위한 대책을 마련하였습니다. 이 법률에 따라 같은 장소에서 생지를 반죽부터 성형, 굽기까지 하고 판매하는 빵만을 '팽 메종(자가 제빵)'이라고 이름 붙일 수가 있고, 그 조건에 미치지 못하는 상점은 '라 블랑제리(빵집)' 간판을 달지 못하게 되어 있습니다. 또한, 첨가물을 다량으로 넣거나, 냉동 처리를 한 빵은 '전통적인 빵(Pain de traditional)'의 이름으로 판매할 수 없도록 정했습니다. 빵 만들기를 하나의 문화로 지켜가려는 이 방침을 보아도 역시 미식의 나라 프랑스라고 할 수 있지 않을까요?

9

프랑스 빵

바게트

'막대', '지팡이'를 의미하는 프랑스에서 가장 대중적인 빵. 밀가루, 효모, 물, 소금만 들어가며, 길이가 60~80cm, 쿠프가 7~9개 있는 것이 기본 형태이다. 크러스트의 분량이 많아서 바삭바삭한 껍질의 식감을 좋아하는 사람에게 추천한다. 오븐에서 갓 꺼낸 바게트는 껍질에서 '타닥타닥' 하고 터지는 소리가 난다. 이렇게 막 구워서 약 6시간까지가 먹기 좋다. 크럼의 불규칙적인 기포는 전통적인 방법으로 만든 특징으로 기포 막이 두꺼워서 씹는 맛이 강한 식감을 즐길 수 있다.

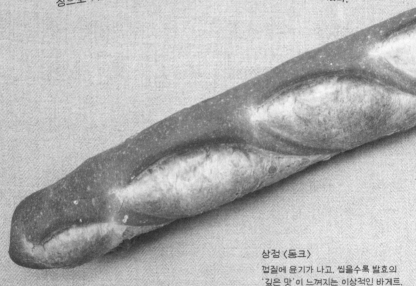

상점 〈동크〉
껍질에 윤기가 나고, 씹을수록 발효의
'깊은 맛'이 느껴지는 이상적인 바게트.

바게트를 사서
들고 거리를 활보하는 것이
멋쟁이의 상징이었던
시대가 있었지

흠흠

13

바타르

바게트와 같은 생지로 만들지만 쿠프가 세 줄 있는 것이 특징. 길이가 짧고, 부드러운 크럼이 많아서 일본에서 특히 인기가 있다. 빵을 잘랐을 때의 단면이 커서 오픈 샌드위치나 샌드위치 만들기에 좋다. 바타르는 프랑스어로 '중간'의 의미. 바게트와 더욱 두껍고 큰 모양인 두 리브르의 중간 두께라는 의미에서 이름이 지어졌다고 한다.

중량은 같아!

바게트군

바타르군

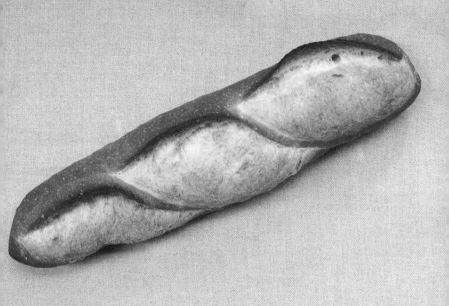

상점 〈동크〉
아름다운 세 줄의 쿠프가 있는 바타르.
샌드위치 만들기 좋은 크기.

쿠페

쿠프를 한 번만 슥 넣은 빵. 생지는 바게트와 동일하며 풋볼 공 형태로 만들어 굽는다. 쿠페는 '잘리다'의 의미. 크럼이 많고 부드러워 먹기 좋아서. 프랑스보다 일본에서 인기가 좋다. 자르는 방법에 따라 달라지는 식감을 즐길 수 있다.

샌드위치 하기 딱 좋은 크기
어디서부터 잘라야 할지 항상 고민돼 !

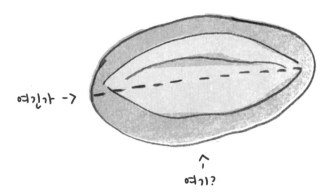

여기가 →

↑
여기?

상점 〈동크〉
한 번에 다 먹을 수 있는 크기가 사랑스러운 쿠페.
바삭한 껍질과 폭신한 속살을 마음껏 즐길 수 있다.

샹피뇽

샹피뇽은 프랑스어로 버섯류의 총칭을 의미하며 주로 양송이를 가리
키는 말이다. 바게트와 동일한 생지 위에 '버섯'처럼 우산을 씌운 것
같은 모양이 특징이다. 둥글린 빵 생지 위에 얇게 밀어 늘린 생지를 얹
어 손가락으로 눌러 붙이고, 뒤집어서 발효시킨 다음 구워낸다. 위에
올린 얇은 부분의 바삭한 식감과 부드러운 크럼의 전혀 다른 식감을
함께 즐길 수 있다.

원해도 만날 수 없는
그런 인상의 빵

상점 〈동크〉

아름다운 버섯 모양을 바라보며
바삭바삭함을 충분히 즐기면서 먹고 싶다.

불

프랑스어로 '둥근, 공'의 의미로, 블랑제리(빵집)의 어원이 되었다. 쿠프를 여러 줄 교차시켜서 넣는 것이 특징. 옛날에는 500g~1kg이 되는 것이 많았으나 현재는 300g 전후의 중량이 많다. 손으로 둥글게 성형하는데, 균형이 맞는 구의 형태로 완성하는 것이 간단해 보여도 어려운 일이다. 부드러운 크럼이 많아서 샌드위치 만들기에 아주 좋다. 또한, 미국의 샌프란시스코 사워 프렌치 브레드(p.120)처럼 안을 파서 클램 차우더 등의 스튜를 담아 함께 먹어도 즐겁다.

거북이가 아니라고 !

상점 〈비고의 상점〉
프랑스산과 캐나다산 밀가루의 고소한 향이 퍼지는,
모든 요리에 어울리는 기본 제품.

에피

바삭한 크러스트의 식감을 즐기고 싶다면 바로 이것. 에피는 프랑스어로 '보리의 이삭'을 가리키는 말로, 바게트처럼 가늘고 길게 성형한 빵 생지에 가위로 칼집을 넣고 좌우로 벌려서 구워낸다. 먹을 때는 나눠진 부분을 손으로 찢어서 먹는다. '이삭' 부분에 베이컨을 싸서 만든 베이컨 에피도 많이 볼 수 있다. 바게트와 동일한 생지로 만든다.

베이컨 에피를 남성들에게 주면 대부분 좋아한다

역시 좋아하는군

상점 〈동크〉

아름다운 이삭 모양의 플레인 에피.
후추가 잘 배인 베이컨을 말아 만든 베이컨 에피도 인기 상품.

팽 드 로데브

르뱅(발효종)을 사용하여, 수분이 듬뿍 함유된 생지로 만든 식사용 빵. 크러스트가 바삭하면서 속살은 놀랄 정도로 촉촉한 식감을 가지고 있다. 로데브는 프랑스 남부의 산 사이에 있는 작은 마을의 이름으로, 이 빵의 탄생지이기도 하다. 현지에서는 버드나무로 만든 바구니(빠이야스)로 생지를 발효시키는 것에서 팽 빠이야스라고도 한다. 요리와 잘 어울리는 심플한 맛과 보관이 용이해서 일본에도 애호가가 늘고 있다. 수분이 많은 끈적끈적한 생지를 잘 다루는 것은 제빵사의 기술을 보여주는 의미이기도 하다.

실제 크기와 같다니까♡

라고 말하는 어느 애호가
로데브를 너무 사랑한 나머지
베개까지 만들고 말았다!

24

상점 〈비고의 상점〉
안은 쫄깃하게, 가볍고 부드러운 식감의 하드 계열의 빵.
로데브 마을의 레시피를 재현한 고집 있는 상품.

팽 드 캉파뉴

캉파뉴는 프랑스어로 시골을 의미. 원래는 파리 근교의 사람들이 빵을 만들어서 마을까지 팔러 나왔다는 데서 이름이 붙여졌다. 옛날에는 '팽 그헝메흐(할머니의 빵)'라는 이름으로 불렀다고 한다. 시골에서는 주로 할머니가 일주일치의 큼직한 빵을 구웠던 데서 큰 크기가 일반적으로 되었다. 야생의 효모를 증식시킨 르뱅(발효종)으로 만들기 때문에 발효종에 잠재하는 유산균의 움직임으로 인한 시큼한 산의 향과 풍미, 식감이 빵효모를 사용한 빵보다 강하며 보관이 용이하다.

얇게 잘라서
좋아하는 파테나 잼을 바른다
극상의 행복의 시간

상점 〈파라 에코다〉

씹을수록 감칠맛이 나는 하드 계열의 빵.
자가제 효모가 배양한 독특한 산미는 중독이 되는 맛.

브리오슈

프랑스의 설탕을 넣거나 유지를 많이 사용한 고배합빵 중에서 가장 유명한 빵으로, 달걀과 버터를 듬뿍 사용하여 농후한 맛이 난다. 과자의 일종으로 탄생하여 '사바랭'이나 '구겔호프' 등, 구움 과자의 기초가 되었다. 왕관 모양, 파운드 형태 등 여러 가지 모양이 있지만 작은 머리가 얹어있는 '브리오슈 아 테트'가 일반적이다. 윤기가 있고 활기차게 위로 솟아있는 모양으로, 입에 넣으면 살살 녹으면서 맛있다. 주로 일본은 작게, 프랑스는 크게 만든다.

아주 귀여운 빵인데
성형이 어렵단 말이지

요 녀석!

브리오슈 아 테트
상점 〈도미니크 사브론〉
옆 부분은 바삭바삭, 크럼은 부드러워 입에 살살 녹고,
은은하게 나는 달콤한 맛을 즐길 수 있다.
버터의 고소한 향이 입안 가득 퍼지는 것이 일품.

크루아상

크루아상은 프랑스어로 '초승달'을 의미한다. 마리 앙투아네트가 결혼해서 프랑스에 왔을 때 전해졌다고 하는데 당시와 현재의 크루아상은 다른 것 같다. 프랑스에서는 버터 100%를 사용한 크루아상은 마름모꼴로, 그 이외의 유지를 사용한 경우에는 초승달 모양으로 만드는 경우가 많다. 발효 생지에 버터를 듬뿍 사용하여 12~27층으로 접어 만들어 완성하며, 파이처럼 바삭바삭한 식감이 특징이다.

파리의 아침 식사는
카페오레와 크루아상이 기본
파리의 크루아상은
어디서 먹어도 맛있다

상점 〈도미니크 사브론〉

헤이즐넛이 생각나는 고소한 버터의 향과 바삭한 식감이 맛있다.
프랑스산 AOP(원산지 명칭 보호) 발효 버터를 사용한 고급 크루아상.

팽 오 쇼콜라

크루아상 생지에 초콜릿을 말아 넣고 만들어 버터의 풍미와 초콜릿의 농후함을 즐길 수 있는 호사스러운 빵. 크루아상처럼 바삭하게 구워져 층이 확실하게 구분된다. 한 입 베어 물었을 때, 껍질이 바사삭 부서져 후두두 흘려져야 제맛이다. 갓 구워낸 것은 바삭한 껍질의 식감과 녹아들 것 같은 초콜릿의 풍미를 맛볼 수 있고, 식었을 때는 초콜릿의 딱딱한 식감을 즐길 수 있어서 또 다른 맛의 즐거움이 있다.

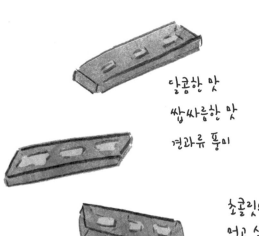

달콤한 맛

쌉싸름한 맛

견과류 풍미

초콜릿의 상태가
먹고 싶은 맛과
딱 맞아떨어지면
최고의 기분

상점 〈메종 카이저〉

오리지널 발효 버터를 사용한 바삭바삭한 크루아상 생지에
바통 초콜릿을 말아 넣고 만들어, 넘치는 풍미가 일품.

쇼송 오 뽐므

19세기 말, 프랑스의 알자스 로렌느 지방에서 태어난 2겹으로 접어서 만든 파이가 원형이 되었다. 사과를 파이 생지에 싸서 만든 프랑스의 과자. 쇼송은 '파이'의 의미 이외에도 슬리퍼, 발레의 토슈즈를 의미한다. 현재는 프랑스의 모든 블랑제리에서 찾아볼 수 있을 정도로 인기가 많다.

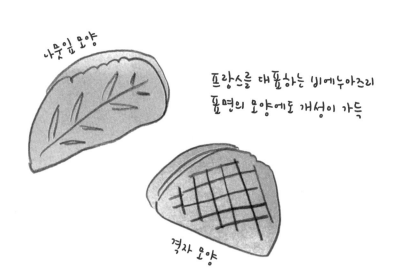

나뭇잎 모양

프랑스를 대표하는 비에누아즈리 표면의 모양에도 개성이 가득

격자 모양

상점 〈곤트란 쉐리에〉
바삭바삭한 파이 생지 안에 재료의 단맛을 살린
사과 필링이 가득 들어간 인기 상품.
한 입 베어 물면 버터와 사과의 향이 퍼진다.

팽 브리에

노르망디 지방의 선원이 항해에 가지고 가기 위해 만들어진 보존성이 높은 빵. 이전에는 '어부의 빵'이라고 불렀다. 긴 항해 기간에도 보존이 용이하도록 물을 거의 넣지 않고 만들기 때문에 기포가 촘촘한 크럼이 특징이다. 어부들은 해수로 만든 수프와 함께 이 빵을 먹었다고 한다. 지금은 수분의 양을 늘리고, 버터나 생크림을 넣는 등, 부드럽게 만든다. 생지가 단단한 편이어서 구워졌을 때는 말끔하게 선명한 모양의 쿠프가 눈에 들어온다. 풋볼 형태로 성형하고 세로로 긴 쿠프를 4~5개 넣는 경우가 많다.

너무 예뻐서
먹을 수가 없군

상점 〈르 르솔〉
반할 정도로 아름다운 쿠프가 그려진 팽 브리에.
생크림, 버터가 듬뿍 들어간 진한 맛.

팽 드 미

팽 드 미의 '미(mie)'는 안의 의미로, 빵의 껍질을 즐기는 바게트와는 달리 '안의 속살을 먹는 빵'이라는 의미에서 이름 지어졌다. 제조법은 20세기 초반, 영국에서 전해졌다고 하는데 바삭한 크러스트를 즐기는 프랑스식으로 진화하고 있다. 위가 둥근 산형과 뚜껑을 덮어 구운 각형이 있는데 산형이 일반적이다.

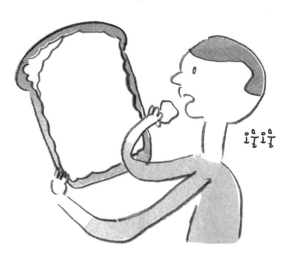

그렇다고 속살만 먹으면 안 돼!
껍질도 먹으라니까!

팽 드 미 앙글레즈
상점 〈르 팽 드 조엘 로브송〉

가볍고 바삭한 크러스트와 촉촉하고 탄력이 있는 크럼.
포동포동 두툴한 식감은 재료 그 자체의 맛이 농축되어 있다.

이탈리아 빵

포카치아

피자의 원형이라고도 하는, 고대 로마 시대부터 만들어져온 평평한 모양의 빵이다. 지방에 따라 이름이 다르고, 딱딱한 맛에서 부드러운 맛까지 맛 또한 다양하다. 올리브 오일을 넣고 반죽한 생지를 평평하게 늘린 다음, 손가락 등으로 움푹 파이게 모양을 만들어서 굽는다. 둥근 모양이나 긴 모양이 있으며, 큰 모양을 잘라서 스틱 형태로 식탁에 올라가기도 한다. 굵은 소금에 로즈메리를 뿌린 것, 블랙 올리브를 얹은 것 등이 있다.

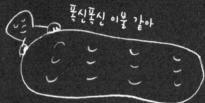

푹신푹신 이불 같아

포카치아를 잘라 토핑을 얹어 피자처럼 즐길 수 있다.
사진은 '알타무라'의 신선한 토마토와 양파.

42

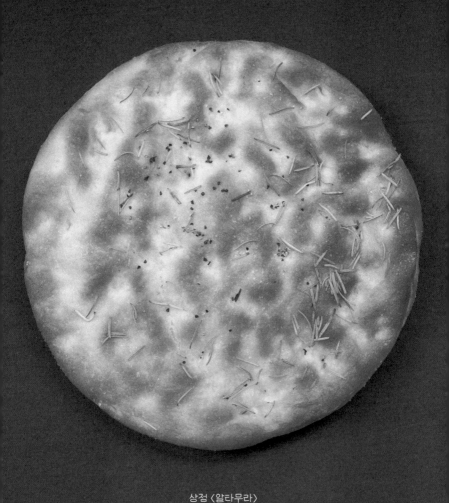

상점 〈알타무라〉
굵은 소금과 로즈메리 포카치아.
이탈리아에서 빵의 거리라 불리는 `알타무라`의 레시피를 재현한
풍부한 향이 나는 본격 이탈리아 빵.

로제타

이탈리아의 대표적인 크리스피 롤빵. 바삭바삭한 크러스트의 식감이 특징. 이탈리아에서는 치린도르라는 기계로 생지의 밀기울 자르기(글루텐을 자르는 과정)를 해서 씹히는 맛이 좋은 식감을 살려 만든다. 로제타는 장미라는 의미로, 모양이 장미꽃과 닮았다고 해서 이름 붙여졌다. 밀라노나 베네치아에서는 '미케타'라고도 한다. 일반적으로 안이 동굴처럼 비어 있으며 샐러드나 미트볼을 끼워서 샌드위치로, 초콜릿을 넣어 간식으로도 먹는다. 지방에 따라 속이 비어 있지 않은 종류인 '미케타 피에나'도 있다. 레시피는 오스트리아에서 전해졌다고도 하는데 그런 이유에서인지 오스트리아의 카이저젬멜(p.72)과도 닮았다.

빵으로 가득한 꽃밭

카이저젬멜은 요렇게 생겼다니까

너 말이야 팬지같이 생겼네

상점 〈파네 에 올리오〉
안이 비어 있는 정통 로제타.
바삭바삭한 껍질이 고소해서 참을 수 없다.

그리시니

이탈리아의 대표적인 빵 그리시니는 14세기경, 이탈리아 북서부에 있는 피에몬테주에서 태어났다고 한다. 크래커처럼 바삭바삭한 식감을 가진 건조한 빵으로 똑똑 잘라서 올리브 오일을 찍거나 생햄을 말아서 먹는다. 나폴레옹은 '작은 토리노의 봉'이라 부르며 좋아했다고 한다. 기계로 만든 것은 균일한 막대 모양이지만 손으로 만든 것은 양 끝을 쥐고 두들기면서 늘려 만들어 굽기 때문에 모양이 불규칙적이다.

상점 〈장 프랑코〉
씹을수록 입안 가득 퍼지는 밀가루의 향.
뼈대같이 생긴 모양은 수제라서 더 귀엽다.

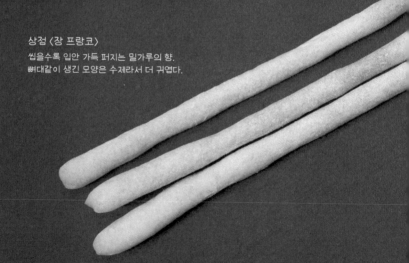

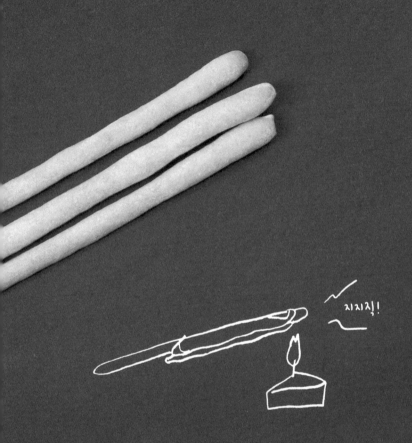

지지직!

생행을 그대로 얹어 먹어도 좋지만
불에 살짝 쬐어 구워도 고소하면서 맛있다

치아바타

수분이 가득! 철떡철떡~~

치아바타는 '슬리퍼', '구두창'을 의미하는 말로, 이름대로 평평한 모양이 특징이다. 작고 둥글게 생긴 것은 '치아바티나'라고 한다. 생각보다 역사가 짧은 빵으로, 1970년~80년 무렵 만들어졌다고 한다. 북이탈리아의 어느 빵집에서 물을 너무 많이 넣어 실패한 생지를 버리지 않고 빵으로 만든 것이 계기가 되었다. 그런데 이 실패한 빵이 너무 맛있어서 지금은 독일이나 프랑스, 북유럽, 미국에서도 인기가 높다. 수분을 듬뿍 넣어 만든 생지는 쫄깃하고 탄력 있는 크럼으로 완성된다. 수평으로 잘라서 샌드위치용으로 쓰는 것을 추천한다. 최근에는 슬리퍼 모양의 생지를 굽기 전, 막대 형태로 늘려서 만든 바게트풍 치아바타도 인기가 좋다.

감자 감자

감자가 들어간 치아바타는
더욱 촉지고 말랑말랑해서 좋아!

상점 〈알타무라〉
세몰리나 가루를 사용한 치아바타는
이탈리아의 샌드위치, `파니니`에도 사용한다.

파네토네

파네는 이탈리아어로 '빵'을 의미한다. 건과일, 버터, 달걀, 설탕이 듬뿍 들어가 빵이라기보다 발효 과자가 적합하다. 이름의 유래는 많은 이야기가 있지만, 밀라노의 과자점 주인 '토니'의 이름에서 유래된 '토니의 빵'이라는 의미에서 왔다고도 한다. 파네토네는 생지의 발효에 송아지의 소장에서 채취된 특수한 효모균과 유산균을 키운 파네토네 발효종이 사용된다. 발효를 비롯한 공정이 20시간 가까이 걸려서 가정에서는 잘 만들지 않는다. 장시간의 공정 과정을 거쳐 만든 파네토네는 효모와 유산균의 힘으로 수개월간까지도 보관이 가능하다. 밀라노에서 크리스마스용 발효 과자로 탄생하였는데, 현재는 과일빵으로 사랑받고 있다.

Mi chiamo Toni!
반가워요! 토니!

파삭!

상상속의 토니씨,
어딘지 모르게 파네토네 같아

속은 노랗고 건과일이 듬뿍!

상점 〈파네 에 올리오〉
이탈리아에서 온 파네토네 발효종을 사용해서
제대로 만든 요거트의 향이 은은하게 나는 빵.
이탈리아 파네토네 품평회에서도 입상한 명품.

흰 빵과 검은 빵 지대

전 세계에서 빵을 주식으로 하는 지역은 밀로 만든 흰 빵을 먹는 지역과 호밀을 함유한 검은 빵(갈색 빵)을 좋아하는 지역으로 크게 나뉩니다. 밀의 종류에는 소맥 이외에 호밀, 귀리, 대맥 등이 있는데 현재 빵을 만들기 위해 재배하는 것은 대부분 밀과 호밀 두 종류입니다.

밀은 생지의 탄력성을 좋게 하는 글루텐을 만드는 단백질의 양이 많아서 빵을 잘 부풀게 합니다. 이에 비해 호밀의 단백질은 글루텐을 만들 수 없기 때문에 묵직한 빵으로 만들어집니다. 또한 밀과 호밀은 재배 환경이 전혀 다릅니다. 밀은 습도에 강한 곡물로, 세계 각국에서 재배되고 있지만, 추위에 약해 냉한지에서는 재배가 어렵습니다. 호밀은 밀보다 추위에 강해서 영하 25도의 토지에서도 월동이 가능하다고 합니다. 그래서 러시아, 폴란드, 북유럽, 독일, 오스트리아, 스위스 등의 한랭한 지역에서 재배되고 있고, 지금도 사랑받고 있습니다.

유럽은 중세 시대 무렵, 밀로 만든 흰 빵이 부의 상징이었습니다. 귀족은 흰 빵을 먹고 서민은 검은 빵을 먹었다는 기술이 여러 문헌에도 나와 있습니다. 현대에 와서는 가난의 상징이었던 호밀을 많이 함유한 검은 빵이 식이섬유나 미네랄이 풍부해서 건강식으로 알려지면서 다시 평가받고 있습니다.

폭신한 / 흰 빵

묵직한 / 검은 빵

맛있는 호밀빵을 만드는 나라, 독일

독일은 유럽에서도 가장 많은 빵을 소비하는 나라입니다. 빵의 종류도 큰 빵이 약 300종류, 작은 빵이나 과자 종류도 1,200종류로 풍부해서 별명은 '빵의 나라'입니다. 밀가루와 호밀의 배합 비율을 바꾼 것, 대맥 등을 더한 것 등, 생지의 종류만 해도 200종류 이상이나 있다고 합니다. 빵의 이름도 호밀의 배합 비율에 따라 달라질 정도입니다. 독일의 호밀빵이 유명한 것은 추운 기후가 호밀 재배에 적합하기도 하지만, 독일인들이 맛있게 먹기 위한 고민을 끊임없이 해왔기 때문이라고 합니다. 또한 19세기에서 20세기 초반에 일어난 '생활 개혁 운동'의 영향도 있다고 생각할 수 있습니다. 이것은 급속하게 진화된 공업화가 불러온 생활 환경에 대항하기 위한 소비자 운동으로, 예로부터 전해져온 제조법으로 만든 검은 통밀빵은 건강의 상징이 되었습니다.

밀가루와 호밀 가루의 배합 비율에 따라 달라지는 독일 빵의 이름

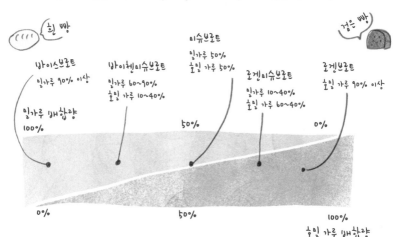

흰 빵

바이스브로트
밀가루 90% 이상

밀가루 배합량
100%

바이첸미슈브로트
밀가루 60~90%
호밀 가루 10~40%

미슈브로트
밀가루 50%
호밀 가루 50%

50%

로겐미슈브로트
밀가루 10~40%
호밀 가루 60~40%

로겐브로트
호밀 가루 90% 이상

검은 빵

0%

0%　　　　　　50%　　　　　　100%
호밀 가루 배합량

독일 빵

오스트리아 빵

스위스 빵

로겐미슈브로트

로겐은 '호밀', 미슈는 '믹스(섞다)', 브로트는 '큰 빵'을 의미한다. 독일의 북부 지역은 추위가 심해서 밀 재배가 어렵기 때문에 호밀의 배합 비율이 높은 '로겐미슈브로트'으로 총칭한 빵이 대중적이다. 밀가루가 많이 들어간 큰 빵은 '바이첸미슈브로트'라고 한다.

《 독일 빵 》

호밀 가루의 비율이 높아도
부드러워 먹기 좋다

나망해도
그런대로 먹기 좋다니까

어른신들

베를리너 란드브로트

상점 〈마인베커〉

가벼운 산미와 깊은 맛이 나는 크럼으로, 모든 식사에 어울린다.
일본 요리에도 추천. 호밀 70% 사용.

로겐브로트

호밀 가루를 90% 이상 사용한 빵을 '로겐브로트'라고 한다. 호밀 가루가 많이 들어간 빵은 잘 부풀지 않아서 조금이라도 부풀림을 좋게 하기 위해 사워종을 많이 사용한다. 호밀 가루의 풍미와 묵직한 식감, 사워종의 산미는 호밀 배합률이 높은 빵의 특징으로, 체온을 높여주는 기름진 요리와 잘 어울린다. 또한, 독일에서는 호밀 100%의 빵을 로겐베크라고 부르는 상점이 많다고 한다.

상점 〈쇼마커〉
풍요의 여신 데메테르의 이름을 새겨 만든 큰 빵.
치즈와 와인에 잘 어울리는 맛.

수프와 빵으로
몸을 녹이자 !

로겐베크

상점 〈마인베커〉

호밀 100%를 사용하면서도 산미는 아주 적당하다.
쫄깃한 식감은 식사용 빵으로 질리지 않는 맛.

펌퍼니켈

밀가루는 전혀 쓰지 않고 호밀 전립분만 넣고 만든 펌퍼니켈. 이름의 유래는 '촌사람', '버릇없는 자'의 방언에서 왔다고 한다. 사워종의 힘을 빌려 천천히 발효시킨 호밀 전립분의 생지를 뜨거운 물을 넣은 오븐에서 짧게는 4시간, 길게는 하루에 걸쳐 증기로 굽는다. 부풀림이 거의 없고, 수분이 많아 묵직하고 촉촉한 식감으로, 호밀 전립분의 풍미, 당밀의 단맛, 사워종의 산미가 느껴지는 아주 독특한 맛이다. 식이섬유, 비타민, 미네랄 등이 풍부하게 함유되어 있다. 갓 구운 것보다 하루 지나면 더 맛있고, 1주일 정도 보관이 가능하다. 크림치즈나 버터 등 깊고 진한 맛의 페이스트와 잘 어울린다.

후~~

단맛

단맛

오로지 수분만으로
단맛을 끌어낸다

이렇게 길쭉한
직사각형도 있다

상점 〈쇼마커〉

깊은 맛의 폭신한 생지는 강하고 진한 맛의 식재료와 잘 어울린다.
오리지널 통조림으로 판매하고 있으며, 2년간 보존이 가능하다.

슈바르츠발트 브로트

슈바르츠발트는 독일 남서부의 바덴뷔르템베르크 지방에 있는 광대한 삼림으로, '검은 숲'을 의미한다. 이 빵은 슈바르츠발트 지방이 발상지인 전통적인 빵으로, 주로 원형이나 타원형으로 성형한다. 주재료인 밀에 호밀을 섞어 만들기 때문에 색은 갈색으로, 안은 촘촘하고 묵직하다. 모든 식사에 잘 어울리지만, 크림치즈나 염도가 높은 치즈를 곁들여도 맛있다.

나무가 우거져서 어두워

어두워서 빵이 보이지 않아

상점 〈베크슈투베〉
묵직함, 그 자체로 존재감을 나타내는 빵.
감칠맛이 오롯이 담긴 크럼은 딱 좋은 정도의 산미.

바우안슈탕게

독일어로 바우안은 농가, 슈탕게는 막대기을 의미하며, 그 이름대로 독일의 농경 지대에서 즐겨 먹었던 빵이다. 밀과 호밀의 비율은 정해져 있지 않지만, 밀이 많을수록 풍성한 크럼이 생긴다. 여기에 생우유를 넣으면 풍미는 배가 된다.

상점 〈베커라이 카페 린데〉
호밀을 15% 배합한 입에 닿는 느낌이 좋은 식사용 빵.
우유로 버터를 만들 때 생성되는 버터밀크를 넣고 만든다.

바이스브뢰첸

바이스는 하얀색, 브뢰첸은 작은 모양의 빵을 의미한다. 밀 100%의 하얗고 작은 빵을 바이스브뢰첸이라고 한다. 원래는 밀 재배가 왕성한 독일 남부에서 사랑받았지만, 최근에는 독일 전역에서 즐겨 먹는다. 부드러운 크럼과 가벼운 맛은 일본인에게도 사랑받고 있다. 독일에서 만드는 작은 빵 모양은 아주 다양해서 둥근 모양 위에 장미 모양이 있는 로젠, 같은 둥근 모양으로 윗부분에 쿠프가 들어간 룬스튜크, 길쭉한 슈리페 등이 있다.

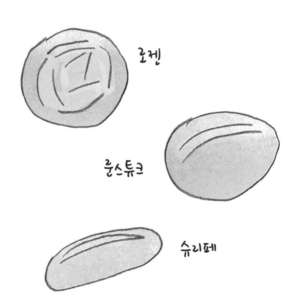

로젠

룬스튜크

슈리페

《 독일 빵 》

상점 〈베커라이 브로트짜이트〉
들어보면 놀랄 정도로 가볍고.
씹으면 밀의 맛을 오롯이 느낄 수 있다.
별도 판매 중인 잼 토핑도 가능하다.

브레첼

브레첼은 '작은 팔'을 의미하는 라틴어로, 이 빵의 독특한 형태는 '사랑'이나 '소녀가 팔짱을 끼고 있는 모양' 등을 의미하는 설이 있으며, 언제부턴가 독일 빵집의 상징이 되었다. 더욱 대중적인 브레첼은 라우겐브레첼로, 최종 발효 후에 라우겐(수산화나트륨)을 더한 알카리성 액체를 발라 오븐에 넣고 굽는다. 이로 인해 구웠을 때 적갈색이 나고, 독특한 향과 풍미, 식감을 맛볼 수 있다. 딱딱해 보이지만 크럼의 식감은 아주 부드럽다. 수평으로 잘라서 버터, 치즈, 햄 등을 끼워 먹으면 맛있다.

독특한 윤기와 암염은
볼수록 참을 수 없다
버터를 살짝 바르면
부드러운 맛으로 ~

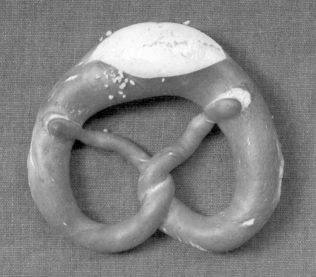

상점 〈탄네〉
반짝반짝 크러스트부터 보이고, 쫄깃하게 씹히는 맛이 있는 크럼.
귀여운 모양을 즐기면서 먹고 싶다.

슈톨렌

럼주와 꿀에 재워둔 건과일과 버터가 듬뿍 들어간 발효 과자로 크리스마스 시즌에 먹는다. 슈톨렌 이름의 유래에는 '기둥'이나 '장작' 등의 많은 설이 있지만 정확한 것은 아니다. 하얗고 가늘고 긴 모양에 슈거 파우더가 듬뿍 뿌려진 모습은 '그리스도의 요람 모양', '그리스도를 싼 모포의 형태'라는 이야기도 있다. 막 구웠을 때보다 시간이 지나면서 과일의 맛이 생지에 스며들어 더 맛있어진다. 11월 말에 만들어 대림절 기간인 크리스마스까지 4주간에 걸쳐 일요일마다 나누어 먹는다.

이런!

빙 접시

너무 맛있어서
하룻밤에
다 먹어버릴 수 있는
아주 위험한 과자

상점 〈베크슈투베〉
직접 만든 프레시 치즈와 레몬 껍질,
럼에 절인 건포도, 구운 아몬드를 넣은 명품 슈톨렌.
위에 뿌린 슈거 파우더까지 홍차에 넣어 맛있게 먹는다.

카이저젬멜

빈이 발상지인 둥근 롤빵. 카이저는 황제를 의미하고, 젬멜(독일 남부 지역의 방언은 셈멜)은 작은 빵의 총칭이다. 표면의 별 모양의 잘린 면이 황제가 쓴 왕관과 닮았다고 해서 이름이 붙여지게 되었다. 오스트리아와 독일에서는 대중적인 식사용 빵으로, 플레인 이외에도 참깨나 양귀비 씨를 뿌리는 경우도 많다. 이전에는 생지를 손으로 접어서 모양을 만들었지만, 최근에는 모양을 내는 전용 스탬프 등으로 눌러 만드는 경우가 많다. 손으로 만든 것은 씹히는 맛이 강하고, 스탬프를 사용한 것은 식감이 가벼운 편이다. 오스트리아에서는 씹히는 맛의 식감을 좋아하는 소비자가 많아서 손으로 만든 것이 부활하고 있다. 크러스트의 바삭바삭한 식감은 구운 후, 2시간 정도 지나면 수분이 흡수되어 고무처럼 변해 맛이 현저하게 떨어진다. 그래서 '2시간 빵'이라고도 불린다.

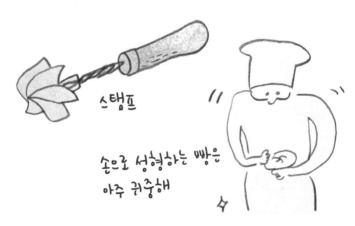

스탬프

손으로 성형하는 빵은
아주 귀중해

배아셈멜

상점 〈사이라〉

배아가 들어간 생지로 만든 롤은 바삭하게 씹히는 맛.
햄이나 치즈와 궁합이 좋다.

잘츠슈탕겐

오스트리아의 대표적인 롤빵으로, 독일에서도 대중적인 빵이다. 잘츠는 소금, 슈탕겐은 막대기의 의미로, 막대기 모양에 소금을 뿌려 만든 것이 특징이다. 길쭉한 막대 모양과 구부러진 모양이 있다. 생지는 카이저젬멜(P.72)과 동일하며 갓 구운 것이 껍질이 바삭해서 맛있다. 표면의 소금은 맥주와 잘 어울린다. 막대 모양으로 생지를 말아 만들어서 빵을 찢어 먹을 때 생지의 탄력이 강한 식감을 즐길 수 있다.

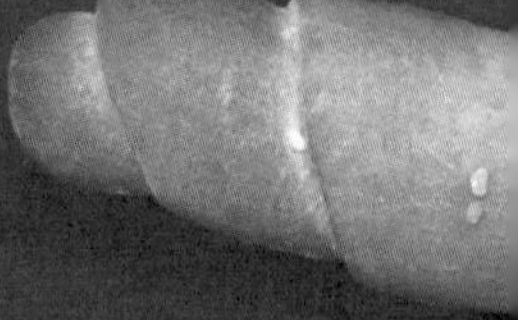

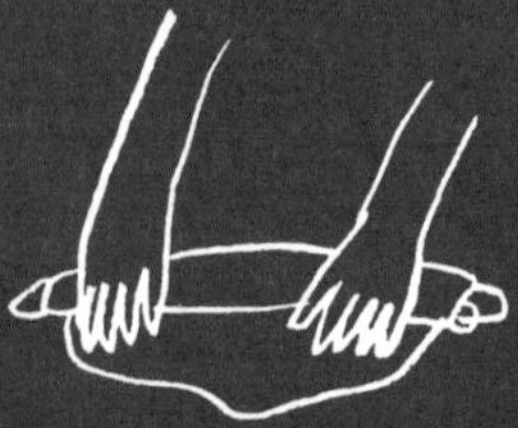

생지를
둘둘 말아서

막대 모양으로
손에 쥐고 먹기 좋은
안주용 빵

《 오스트리아 빵 》

상점 〈사이라〉
하드 계열의 생지에 암염과 캐러웨이 씨를 토핑한다.
맥주와 함께 먹는 것을 추천.

킵펠

오스트리아에서 만들어진 초승달 모양의 빵으로, 크루아상의 원형이라고도 한다. 킵펠은 소나 산양의 뿔을 의미하며, 수산양의 뿔과 같은 형태가 특징이다. 브리오슈 생지로 만들어 빈의 이름을 붙인 '비엔나 브리오슈 킵펠'도 조식이나 간식의 대표적인 빵으로 사랑받고 있다.

위험했었어

반죽반죽!

오스트리아에 침입하려 했던
터키군을 격퇴한 오스트리아군
그 승리를 기념하여 만든 빵

초승달은
터키 국기를
연상시킨다

상점 〈사이라〉
버터와 단맛을 줄인 바삭바삭하고 가벼운 빵.
부담 없는 맛이라 몇 개라도 먹을 수 있다.

초프

기원이 고대까지 거슬러 올라가는 빵이다. 고대 일가의 주인이 죽으면 부인이 땋아 올렸던 머리카락을 잘라 함께 매장하는 풍습에서, 머리를 땋은 모양의 빵을 만들어 매장하고, 빵을 묻는 대신 지역의 가난한 사람들에게 빵을 나누어주게 되었다고 한다. 시대를 거쳐 밀가루 이외에 버터나 달걀, 설탕 등의 재료가 더해지면서 축제일에 먹는 빵으로 변화했다. 가톨릭 신자가 많은 스위스에서는 미사가 있는 매주 일요일, 가족이 모여 초프를 먹는 풍습이 있어서, 토요일 빵집에는 많은 양의 초프가 진열된 모습을 볼 수 있다. 스위스 이외에도 독일, 오스트리아를 비롯한 유럽에서 널리 사랑받는 빵이다.

온 가족이 모여 앉아
초프를 먹는 시간은 행복하지

상점 〈그뤼네 베커라이〉
황금색 크럼이 아름답다.
우유, 달걀, 버터가 듬뿍 들어가 풍부한 맛의 식사용 빵.

란드브로트

스위스 각지에서 볼 수 있는 전통적인 빵이다. 크러스트가 두껍고, 크
럼은 수분이 많아 쫄깃한 식감을 가지고 있다. 란드브로트는 '시골
빵'이라는 의미. 프랑스 빵인 팽 드 캉파뉴도 같은 의미가 있지만 프랑
스 빵보다 호밀의 함유량이 압도적으로 많다. Röggelchen(로겔헨)
이라는 성형 방법으로, 현지에서 쉽게 볼 수 있는 모양이다. 작은 빵을
두 개 연결시켜 구워서 오븐 안의 공간도 절약할 수 있어서 많이 만들
게 되었다고 한다. 스위스에는 뷔틀리브로트, 졸로투른브로트 등 각
지방만의 란드브로트가 있다.

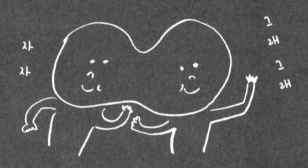

둥근 전병이 서로 붙어 있는 것처럼
보이기도 하네

상점 〈그뤼네 베커라이〉
수분이 많아 쫄깃한 크럼은 씹을수록 깊은 맛이 난다.
부드러워서 먹기 좋고, 매일 먹고 싶어지는 빵.

알펜브로트

스위스와 독일 남부의 대중적인 호밀빵으로 호박씨, 참깨 등 씨앗이 풍부하게 들어간 빵이다. 영양가가 상당히 높고 섬유질도 풍부하다. 수십 년 전부터 만들어 온 빵인데 이름의 유래는 알 수 없다. 빵 자체의 깊은 맛으로도 충분하지만 현지에서는 주로 치즈 등을 끼워 먹는다.

알펜이라는 말을
듣기만 해도 왠지
깡충깡충
뛰고 싶어져

알펜브뢰첸(플레인)

상점 〈사이라〉

호밀 20%에 해바라기 씨, 대두, 오트밀이 들어간
자그마한 빵이 영양은 듬뿍. 참깨를 토핑한 것도 있다.

북유럽 빵
동유럽 빵

론스팃커

아침 식사용으로 아침에 가장 먼저 만드는 둥근 모양의 빵. 갓 구운 것이 맛있다. 빵효모의 양이 많아 발효 시간이 짧기 때문에 재빠르게 만들어야 한다. 주로 위에 양귀비 씨를 올리는데, 같은 생지로 만든 버터롤의 모양으로 양귀비 씨가 없는 것은 기플러라고 부른다. 론스팃커는 수평으로 잘라서 오픈 샌드위치로 먹는 것이 정석이다. 양귀비 씨가 있는 윗부분과 씨가 없는 아랫부분의 서로 다른 풍미를 즐길 수 있다. 살라미, 슬라이스 치즈와 잘 어울린다.

하나는
식사용으로

또 하나는
디저트용으로
만들자

론스토가

상점 〈안데르센〉

바삭바삭하게 씹히는 맛이 마음까지 편해지는 아침 식사용 롤.
사진의 양귀비 씨 외에, 참깨, 흑임자를 토핑한 것도 인기.

트레콘브로트

통밀가루, 호밀 가루, 참깨를 넣고 만든 덴마크의 전통적인 빵이다. 트
레는 3, 콘은 잡곡을 의미한다. 표면에 참깨를 토핑하는 경우가 많다.
흰살생선, 연어 등의 생선 요리와 수프에도 잘 어울린다. 크럼이 부드
러워서 일본인의 취향에도 잘 맞는다.

고소한 냄새는
참을 수 없어

생지는
은은한 회색

상점 〈안데르센〉
참깨가 듬뿍 들어간 풍미가 넘쳐나는 식사용 빵.
버터를 듬뿍 바르고 새우, 아보카도를 얹어
오픈 샌드위치로 즐기는 것을 추천.

코펜하게너

덴마크의 수도 코펜하겐의 이름을 붙인 데니시 페이스트리로, 호두와 건포도, 꿀 등을 싸서 굽는다. 데니시 페이스트리는 덴마크의 빵이라는 의미. 프랑스에서는 '가토 다노와(덴마크풍 과자)', 독일에서는 '데니샤 플룬더(덴마크의 빵)'라고 부르지만 원래 레시피는 빈에서 전해진 것으로, 덴마크에서는 '비엔나 브로트(빈의 빵)'라고 부르고 있다. 빈에서 온 레시피에 낙농 국가 덴마크의 버터와 달걀이 더해져 지금과 같은 리치한 빵이 되었다. 버터를 듬뿍 접어 넣고 만든 덴마크의 데니시는 다른 유럽의 데니시 페이스트리보다 더 바삭바삭하고 모양은 평평한 것이 많다.

데니시?
가토?
데니샤?
비엔나 브로트?

침착하게 읽지 않으면
뭐가 뭔지 모르겠군

상점 〈안데르센〉
호두나 숙성된 건포도, 꿀 등이 어우러진 자가 제조 필링을
넣어 만든 페이스트리. 갓 구워 바삭한 맛은 멈출 수 없다.

슈판다우

조식 또는 간식으로 먹는 빵으로, 덴마크의 대중적인 데니시 페이스트리 중 하나이다. 데니시 생지에 마지팬을 넣고 접어 만들고 중앙에 커스터드 크림을 넣어 아몬드 슬라이스 등의 견과류를 뿌려 굽는다. 마지막에는 주로 빵 위에 퐁당으로 데코레이션을 한다. 커스터드 크림 안에 앵두 등을 넣어 굽는 것도 있다. 슈판다우의 이름은 생지를 겹쳐 접은 모습이 봉투와 닮았다는 의미와, 레시피가 독일의 베를린에 있는 마을 '슈판다우'에서 전해졌다는 이야기도 있다.

아몬드 슬라이스의
소극적인 존재감이
마음에 든단 말이야

상점 〈안데르센〉
커스터드 크림 필링은 자가 제조.
딱 좋은 정도의 단맛의 크림과
바삭바삭한 페이스트리 생지의 조합이 절묘하다.

시나몬 롤

북유럽을 비롯한 유럽, 북미에서 대중적인 페이스트리. 스웨덴이 발상지라고도 하지만 정설은 아니다. 형태는 크게 두 종류로, 크게 돌돌 말린 형태와 양쪽이 눌려 밀린 모양의 핀란드 스타일이 있다. 핀란드에서 시나몬 롤을 가리키는 Korvapuusti는 '귀를 두들긴다'라는 의미가 있다. 그 이름이 빵의 모양에서 왔는지는 정확하지 않지만 잘못 번역한 말이 현대에 남아있다는 설이 유력하다. 핀란드에서는 과자 빵의 총칭을 뿔라라고 하는데, 커피와 함께 뿔라를 즐기는 휴식 시간을 중요하게 여긴다.

뿔라와
잠깐 휴식!

후유~

뿔라

핀란드식 시나몬 롤
상점 〈moi〉

핀란드의 전통적인 모양을 재현한 시나몬 롤.
먹기 직전에 데우면 더 맛있게 먹을 수 있다.

카르얄란 삐라까

우유를 넣고 끓인 '리시푸로'라는 쌀죽을 발효하지 않은 얇은 호밀 생지로 싸서 찌듯이 구운 빵으로, 핀란드에서는 너무나 대중적이다. 삶은 달걀과 버터를 섞은 '무나보이'라는 필링을 얹어서 많이 먹는다. 핀란드 동부 카렐리아 지방에서 시작된 빵으로, 삐라까는 '감싸다'를 의미한다. 결혼식이나 의식에서 빵 대신 나오기도 하는 핀란드의 향토 음식이라고 할 수 있다. 일본에서는 생소한 편이지만, 부드러운 맛은 일본인의 기호에도 잘 맞는다.

전복과 비슷한 개성 있는 모양이지만
사실은 깔끔하고 담백해서
어디에나 잘 어울리는 훌륭한 간식

상점 〈KITOS〉
담백한 맛으로 부드럽고 먹기 좋다.
밥 대용으로도 좋은 일본인 취향에 잘 맞는 빵.

루이스 림프

루이스는 핀란드어로 호밀을 뜻하며, 루이스 림프는 호밀 전립분에 밀가루를 섞어 만든 핀란드의 전통적인 빵을 말한다. 발효에 호밀 사워종을 사용하기 때문에 산미가 강하고, 전립분의 거친 맛이 느껴지는 크럼이 특징이다. 얇게 잘라서 맛이 깊고 진한 요리와 함께 먹으면 산미의 상큼함이 묵직한 맛을 돋워준다.

닮은 모양의 으깬 감자가 들어간 것은
'페루나 림프'
쫄깃쫄깃해서 먹기 좋다

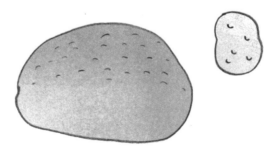

상점 〈KITOS〉
씹을수록 호밀의 맛이 진득하게 퍼진다.
연어나 크림치즈를 곁들여 먹는 것을 추천한다.

하판 루이스 보카

하판은 핀란드어로 산, 루이스는 호밀, 보카는 빵을 굽는 틀이라는 의미로, 하판 루이스 보카는 빵효모를 사용하지 않고 사워종 사용하여 발효시킨 생지를 틀에 넣고 구운 빵이다. 주요 곡물인 호밀을 넣고 만든 핀란드의 전통적인 빵으로, 아주 묵직하고 산미가 강해서 얇게 잘라서 먹는다. 또한 빵효모를 사용한 것은 '비바 레이파'라고 한다.

《 핀란드 빵 》

일본 식빵처럼 먹으면
아주 곤란해질 텐데....

4장으로 잘랐더니
엄청 두꺼워 !

상점 〈기노쿠니야〉
헬싱키의 노포 카페 '에크베르크'에서
기술을 전수받아 제대로 만든 핀란드 빵.
오픈 샌드위치에 그만이다.

하판 레이파

호밀 가루를 주재료로 만든 얇은 원반형 모양의 핀란드를 대표하는 빵. 중앙에 큰 구멍이 뚫린 형태가 일반적이지만 구멍이 없는 것도 있다. 중앙에 구멍이 뚫린 것은 구멍에 봉을 끼워서 보존, 또는 진열을 하기 위한 것으로, '레이커 레이파(구멍이 뚫린 빵)'라고도 부른다. 빵 전체에 핀볼처럼 뚫린 구멍은 장식적인 의미도 있지만, 구웠을 때 표면을 안정시키고, 잘 부풀지 않는 빵에 골고루 열이 가게 하는 효과가 있다. 핀란드에서는 잘라진 빵을 수평으로 얇게 잘라서 그사이에 연어나 치즈 등을 끼워 샌드위치로 만들어 많이 먹는다.

좋은 풍경이란 말이야

상점 〈KITOS〉
호밀의 산미와 은은하게 나는 소금 맛을 즐기는 빵으로,
생지는 탄력이 있어서 씹는 감촉이 좋다.
햄, 치즈와 잘 어울린다.

흘렙

러시아 빵 하면 떠오르는 호밀로 만든 묵직한 흘렙. 호밀은 한랭지에
서 자라기 때문에 이전에는 호밀 가루의 비율이 높은 빵을 주로 만들
었지만, 현재는 호밀 가루와 밀가루의 비율이 거의 같은 흘렙을 더 많
이 먹는다. 흘렙에는 사워종이 빠질 수 없다. 기포가 촘촘하고 조금 단
단한 크럼은 산미가 강해서 몸을 따뜻하게 해주는 진한 요리와 어울
린다. 얇게 잘라서 버터를 바르고 훈제 연어나 연어알을 얹으면 최고
의 술안주가 된다.

샤프카가 흘렙으로
보이기 시작합다

군삭 댄스

쿠로팡

상점 〈시부야 로고스키〉

밀가루와 호밀 가루를 반반 배합한 향이 강한 흘렙.
러시아식 수프 보르시와의 조합도 최고.

피로시키

피로시키는 러시아식 파이 '피로크'에서 파생된 이름으로, 작은 피로크를 의미한다. 원래 각 가정에서 만들어 크기나 모양도 집집마다 달랐었다고 한다. 현재는 파이 반죽이 아닌, 일본의 롤빵과 비슷한 배합의 생지로 만드는 경우가 많다. 빵 생지 안에 속 재료를 싸서 넣고 오븐에서 굽는 것과 튀기는 것이 있는데 러시아에서는 보통 오븐에서 굽는다. 피로시키 안에 들어가는 속 재료는 다진 고기를 비롯하여 생선, 양배추, 버섯, 삶은 달걀, 파, 쌀 등으로 아주 다양하다. 이전에는 함께 먹는 보르시를 비롯한 수프의 건더기와 조합을 생각하면서 만들었다고 한다.

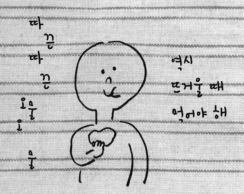

따끈따끈 ㅇㅁㅁ

역시
뜨거울 때
먹어야 해

상점 〈차이카〉

본고장 러시아의 레시피로 만들어 다진 고기가 듬뿍 들어간 피로시키.
재료의 맛을 살린 담백한 맛으로, 맛이 진한 요리와도 잘 어울린다.

영국 빵

잉글리시 브레드

잉글리시 브레드는 콜럼버스가 신대륙을 발견했을 무렵, 개척자를 위해 만들어졌다는 설이 있다. 길게 연결된 모양은 구워서 한 번에 많은 양을 운반할 수 있어서 물자와 운송수단이 부족했던 시대에 편리했기 때문이다. 산봉우리 모양은 빵틀의 뚜껑을 덮지 않고 구웠기 때문이다. 본고장 영국에서는 브리키라는 회사에서 만든 빵틀 '틴'을 사용하여 구운 것에서 '틴 브레드'라고도 불린다. 빵의 결이 거칠고, 담백한 맛이 특징이다. 얇게 잘라서 바삭하게 구운 다음, 버터를 듬뿍 발라 먹어야 제맛이다.

옆에서 본 모습이
사이좋은 삼 형제로도 보이네

잉글리시 토스트

상점 〈기노쿠니야〉

홉 특유의 향과 감칠맛이 특징인 1958년 이래 인기 상품.
아주 얇게 잘랐기 때문에 바삭바삭한 토스트를 즐길 수 있다.

잉글리시 머핀

전용 머핀 틀로 굽는 영국의 전통적인 빵이다. 본고장의 생지는 단단한 편이지만, 일본에서는 수분을 듬뿍 품은 생지가 특징이다. 먹기 직전, 굽기 때문에 완전히 익지 않은 상태로 완성시킨다. 표면에 옥수숫가루를 뿌리는 것은 발효한 생지가 철판에 붙지 않도록 고안한 것이었는데 의외로 그 맛이 고소해서 현재까지 이어오고 있다. 포크로 머핀을 반으로 잘라 토스터에 바삭하게 구워 먹는다. 나이프를 사용하지 않고 들쭉날쭉 쪼개듯이 자르는 것은 버터가 잘 스며들게 하기 위해서다. 잉글리시 머핀으로 만드는 에그 베네딕트는 말이 필요 없는 맛이다.

눈부신 아침 해와 함께

아침 식사에 어울리는 빵
저녁에 먹어도 좋지만 뭔가 다른 것 같아

상점 〈기노쿠니야〉
구우면 바삭한 식감과 입에 닿는 느낌이 가벼운 머핀.
가로로 반을 잘라 가볍게 구워서 뜨거울 때,
버터와 잼을 발라 먹어도 맛있다.

스콘

영국 스코틀랜드에서 태어난 빵 과자의 일종. 원래는 대중적인 비스킷으로, 굵게 빻은 대맥 가루로 만들어 구운 '배넉'이라는 과자가 기원이 된다. 스콘의 이름은 스코틀랜드의 고어인 게일어의 Sgonn(한 입 크게)에서, 또한 스코틀랜드의 버스 지역에 있는 '스콘성'의 대관식에 사용되었던 의자의 토대였던 돌에서 유래했다는 설도 있다. 그 토대인 돌은 The Stone of Scone 또는 The Stone of Destiny(운명의 돌)이라 부르게 되었고, 스콘을 돌의 모양으로 굽는 경우가 많았다고 한다. 맛있게 구워진 스콘은 측면에 결이 보기 좋게 갈라진다.

scone

빵집 계산대 옆에
병에 담아둔 스콘을 보면,
참지 못하고 사버리고 만다
게다가 초코칩 스콘일 경우에는
더더욱

상점 〈시퍼즈〉

굵직한 스콘을 베어 물면 입안에서 기분 좋게 바삭 부서진다.
영국 5성급 호텔 '더 사보이'의 파티시에를 지낸 시퍼즈가 감수한 스콘.

북미빵
남미빵

번

단맛과 짠맛이 적은 폭신폭신한 빵의 총칭이다. 일반적으로 둥근 모양의 햄버거 번과, 소시지를 끼워 먹는 핫도그 번이 있다. 핫도그 번은 독일계 이민자에 의해 미국에 전해져 유행했고, 소시지를 끼우기 위해 만들었다고 한다. 핫도그 이름의 유래는 프랑크푸르트 소시지의 모양이 닥스훈트와 닮았다는 설과, 붉은 소시지를 끼운 모양이 닥스훈트가 혀를 내밀고 있는 모습과 닮았다는 등 여러 가지 설이 있다. 가볍게 씹히는 식감으로, 번만 먹어도 부족하지 않을 정도로 충만한 느낌이 있다.

햄버거 번

상점 〈기노쿠니야〉

촘촘한 결의 촉촉한 크럼이 인상적이다.
고기 파테나 햄 등 취향에 맞는 속 재료를 끼워서 먹는다.

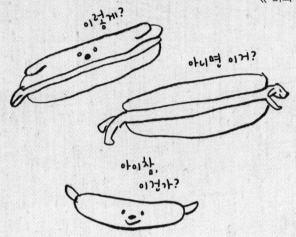

이렇게?

아니면 이거?

아이참, 이건가?

핫도그 번

상점 〈기노쿠니야〉

소시지에 어울리는 맛과 가벼운 식감에 공을 들인 핫도그 전용 빵.

샌프란시스코
사워 프렌치 브레드

야생의 유산균과 효모를 밀가루 생지로 배양한 전통적인 빵. '샌프란시스코 사워종'을 사용하여 만든 산미가 강한 프랑스풍의 빵이다. '샌프란시스코 사워종'은 샌프란시스코 지역 환경에서만 배양이 가능하다. 이 천연 발효종을 일본에 가져와도 유산균, 효모의 종류와 활성이 바뀌게 되어 본고장의 맛을 재현시키는 것은 어려운 일이다. 유산균 발효에 의해 산을 많이 품고 있어서 강한 산미의 아주 촉촉한 빵으로 구워진다. 보존성이 좋은 것도 특징이다. 그릇 모양으로 구운 빵의 속살을 도려내고, 안에 클램 차우더를 듬뿍 채워 넣은 메뉴는 샌프란시스코 베이 지역의 명물이다.

'사워'를 말하자면
사워크림도 빵에 빠질 수 없다

생크림에 유산균을 더하여 발효시킨다

샌프란시스코 사워 브레드

상점 〈기노쿠니야〉

자가 발효 사워종을 사용하여 밀 맛을 잘 살린 사워 브레드.
가벼운 산미는 생선 요리, 육류 요리의 맛을 돋워준다.
표면에 수포처럼 부풀어 오른 모양은 산이 많다는 것을 나타낸다.

베이글

쫀득쫀득하게 씹히는 식감의 저지방, 저칼로리 빵. 생지는 기본적으로 달걀이나 버터를 사용하지 않고 반죽해서 성형하고, 뜨거운 물에 살짝 데친 다음 굽는다. 원래 유대인에 의해 만들어진 빵으로, 북미에는 19세기 후반 유대인계 이민자에 의해 들어왔다고 한다. 베이글이 이렇게 대중적으로 된 것은 20세기 후반으로, 건강에 좋다는 설이 뉴요커에게 퍼지면서부터다. 그냥 먹어도 좋지만 수평으로 잘라서 크림치즈, 연어 등의 속 재료를 끼워 먹어도 맛있다.

베이글의 식감은 각양각색
당신의 취향은?

속속

요울요울

쫄깃쫄깃

폭신폭신

말랑말랑

122

상점 〈베이글 스탠다드〉
뉴욕 스타일의 기본적인 베이글.
부드러운 크럼은 어떠한 속 재료와도 잘 맞는 중립적인 맛.

도넛

밀가루, 설탕, 달걀, 우유 등을 넣고 만든 생지를 링 모양으로 만들어서 튀긴 빵. 네덜란드의 튀긴 과자 '올리볼렌'이 원형이라고 하며, 원래 튀긴 생지 위에 넛츠(견과류)를 올렸던 것에서 도넛이라 불리게 되었다. 지금처럼 구멍이 나 있는 모양은 열전달을 좋게 해서 균일하게 튀기기 위한 고민에서 시작되었다고 한다. 현재의 도넛 모양은 미국에서 시작되었으며, 전 세계 제1의 도넛 소비국도 미국이다.

도넛을 든 여성은 모두 뭐랄까
왠지 귀엽게 보인다

오리지널 글레이즈드

상점 〈크리스피 크림 도넛〉

1937년 창업 이래부터 내려오는 비밀의 레시피로 만든 설탕을 입힌 도넛.
특제 가루를 발효시킨 오리지널 생지는 폭신폭신.
입에 넣는 순간 사르르 녹아버릴 것 같다.

뻐웅 지 케이주

포르투갈에서 뻐웅은 빵, 케이주는 치즈를 뜻하며 직역하면 '치즈 빵'이다. 점성이 강한 타피오카 가루로 만들어서 쫄깃쫄깃한 식감이 특징이다. 타피오카 가루는 카사바의 전분으로, 카사바는 남미가 원산지인 고구마와 비슷한 뿌리 식물이다. 브라질에서는 17세기 무렵부터 재배되었다고 한다. 뻐웅 지 케이주는 브라질의 남동부 미나스제라이스에서 18세기 무렵 만들어졌다고 한다. 달걀이나 치즈를 넣은 생지를 발효하지 않고, 탁구공 크기로 둥글려서 오븐에 굽는다. 브라질에서는 식전에 먹거나 간식으로 먹는다.

작아서 와구와구!
당고처럼 몇 개든
계속 먹을 수 있을 것 같아

《 브라질 빵 》

상점 〈이토우〉

겉면은 바삭바삭하고 안은 전병 같은 〈이토우〉의 뻐웅 지 케이주.
사진은 플레인 맛인데 점포에서는 베이컨이나 초콜릿 맛도 진열되어 있다.

토르티야

스페인이 중남미에 들어오기 전부터 원주민이었던 인디언이 먹던 무
발효빵. 알카리 수용액 처리를 한 옥수수 알갱이를 갈아서 만든 생지
를 기름 없이 철판 위에서 굽는 것이 전통적인 방법이며 밀가루를 넣
는 지역도 있다. 밀가루가 들어간 토르티야는 '플라워 토르티야'라고
한다. 또한 밀가루만 넣고 만드는 토르티야도 있는데 멕시코 북부나
미국에서 특히 인기가 좋다. 밀가루 토르티야에 재료를 넣고 싸서 만
든 샌드위치는 전 세계적으로 익숙한 음식이다. 토르티야를 사용한
요리의 총칭은 '타코'로. '브리토'는 밀가루 토르티야에 속 재료를 넣
고 싸서 만든 요리를 가리킨다.

멕시코 요리 '칠리 콘 카르네'와
채소를 끼워 먹는 것이 정석

상점 〈FRIJOLES〉
오리지널 레시피로 만든, 부드러운 토르티야는
어떠한 속 재료와도 어울리는 본고장의 맛.

발효빵과 무발효빵

전 세계는 빵의 생지를 발효하지 않고 굽는 지역과 발효시켜서 굽는 지역으로 나눌 수 있습니다. 무발효빵은 두껍게 만들면 돌처럼 딱딱해지기 때문에 얇게 만들어 굽습니다. 하지만 발효빵 중에서도 인도의 난처럼 얇고 평평하게 굽는 종류도 있습니다. 이는 두꺼운 빵을 먹는 지역보다 연료인 장작이 모자랐던 이유에서였다고 합니다.

또한 유대인에게는 '무발효빵 축제'라는 축제가 고대부터 현재까지 이어져 오고 있습니다. 축제 기간인 7일 동안 무발효빵을 먹어야 합니다. 이것은 구약성서에 나와 있는 '탈이집트기'가 기원입니다. 모세가 유대인을 인솔하고 이집트를 탈출할 때, 너무 급해서 빵 생지를 발효할 시간이 없어 무발효빵만 준비했다는 성서에 유래한다고 합니다.

모세

자, 갑시다

잠깐, 기다려주세요

발효빵과 무발효빵의 예

무발효빵
홀쭉

토르티야
(멕시코)

크레이프
(프랑스)

플라트브뢰드
(노르웨이)

차파티
(인도)

쿠브스
(시리아)

탄누르
(이라크, 시리아, 이집트)

발효빵
볼록

난 (인도)

피타 (중남미)

호밀빵

단팥빵

식빵

바게트

찐빵

튀긴 빵

중동 빵

아시아 빵

만터우

한자로 만두라고 쓰고 만터우라고 읽는다. 일본의 화과자인 만주의 원형으로, 중국에서는 안에 속 재료가 들어가지 않는 것을 가리킨다. 중국의 남부 지역은 쌀이 주식이지만, 북부 지역은 만터우를 비롯한 면종류가 주식이다. 원래 '면'이라는 말도 밀가루를 의미했을 정도였다고 한다. 만터우는 기본적으로 물과 밀가루로 만든 생지를 굽지 않고 쪄서 만든다. 야생 효모와 유산균을 밀가루 생지로 배양하고 발효하기 때문에, 은은하게 나는 밀가루의 맛과 유산균 발효에 의한 산미와 담백한 맛이 난다. 달콤 짭짤하게 졸인 차슈처럼 맛이 진한 요리와 함께 먹는 것을 추천한다.

중국에서는

만터우처럼 깨끗한 피부를 가지셨군요

라고 말하기도 할까?

상점 〈루강〉
반죽해서 4시간 정도 충분히 발효해 탄력 있는 만터우.
매끈매끈하고 보들보들한 걸면은 계속 만지고 싶을 정도다.

빠오즈

만터우에 속 재료를 넣어 만든 것을 빠오즈라고 한다. 고기 찐빵, 팥 찐빵 등의 중화 만주도 빠오즈의 일종이다. 속 재료는 육류를 비롯하여 채소, 팥 앙금, 참깨 등으로 아주 다양하며 크기 또한 속 재료에 따라 달라진다. 가장 작은 모양의 빠오즈는 상해에서 만들어진 샤오룽바오로, 샤오빠오즈라고 표기하기도 한다. 만터우종 대신 빵효모를 사용한 빠오즈는 부풀림이 크고 가벼운 식감으로 산미는 약한 편이다. 빠오즈, 만터우 모두 쪄서 만들기 때문에 표면이 100℃ 이상 올라가지 않아서 크러스트가 없는 빵으로 완성된다.

고기 찐빵하면, 돼지고기 찐빵이지
라고 주장하는 사람이 있다
당신은 어느 쪽?

사실 둘 다 같은건데

니쿠망 앙망

상점 〈카고조우〉

고기 찐빵의 소는 채소가 들어가고, 팥 찐빵의 팥소 또한 감칠맛이 있어서 충분한 포만감을 준다.
폭신하고 탄력 있는 생지의 비결은 매일 환경에 따라 발효 시간을 조절해가며 만드는 데 있다.

화쥐안

중국어 발음은 화쥐안. 일본에서는 하나마키, 한국에서는 꽃빵이라고 한다. 얇고 둥근 모양으로 늘린 생지에 기름을 바르고 돌돌 말아서 잘라 나눈 것을 꼬거나 해서 모양을 만든다. 중국의 '꽃'이라는 한자에는 모양의 의미가 있는데, 꽃빵은 재밌는 모양이라는 뜻으로 이름이 붙여졌다고 한다. 생지는 만터우와 동일하고, 대추, 건포도, 호두 등을 더하여 만들기도 한다. 달콤한 속 재료를 생지에 넣는 꽃빵은 주로 간식으로 많이 먹는다.

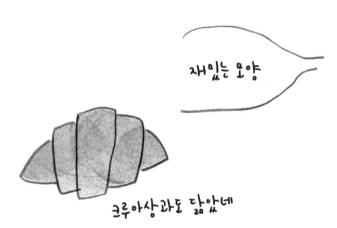

재밌는 모양

크루아상과도 닮았네

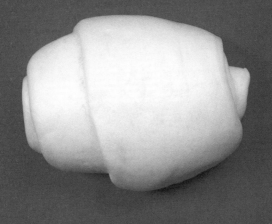

롤
상점 〈카고조우〉
탄력이 강하고, 쫄깃쫄깃한 식감으로 빵처럼 즐기는 화줘안.
채소나 고기를 넣어 먹는 것도 추천.

반미

프랑스의 식민지였던 베트남은 바게트 스타일의 빵이 정착되었는데, 프랑스풍 바게트에 속 재료를 채워 샌드위치처럼 만든 음식을 반미라고 한다. 베트남 빵은 쌀가루가 들어간 것이 많아 본고장의 바게트보다 식감이 가벼워서 샌드위치에 잘 맞는다. 빵에 칼집을 내고 버터, 파테를 바른 뒤, 채소, 허브 등을 끼워 넣고, 피시 소스를 뿌리는 것이 일반적인 조리법이다. 가벼운 식사로 먹는 시민들도 많다. 베트남의 도심에서는 반미를 파는 노점상을 흔히 볼 수 있다.

고수는 중독이 돼

중독성이 있습니다

상점 〈반미☆샌드위치〉
자가 제조한 빵에 끼워 넣은 특제 무, 당근 초절임과
간, 햄의 조합이 절묘한 맛.
속 재료가 풍부하게 들어간 반미는 아무리 먹어도
질리지 않는다.

난

난은 페르시아어로 빵을 총칭한다. 페르시아 문화의 영향을 받았던 지역에서는 빵 이외에 넓게는 식사의 의미로도 사용되었다. 나뭇잎 모양의 난은 주로 북인도와 이란에서 먹는다. 밀어서 늘린 생지를 탄두르라는 돔 모양의 가마 안쪽에 붙이면 몇 분 안에 구워진다. 집에 탄두르가 없는 사람은 생지를 빵집에 들고 가서 구워오는 경우도 있다고 하는데, 일반적으로 도심에서는 주로 상점에서 사서 먹는다.

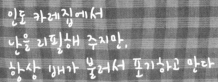

인도 카레집에서
난을 리필해 주지만,
항상 배가 불러서 포기하고 만다

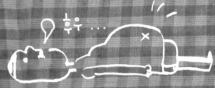

후우…

《 인도 빵 》

상점 〈칸차르 바차르〉
버터를 바른 고소한 난.
뜨끈뜨끈할 때 칸차르 바차르의 명품 카레와 함께 즐기고 싶다.

쿨차

인도의 북부와 파키스탄 북부 지역에서 주로 먹는 원반형 모양의 빵.
주로 아침 식사에 많이 먹는데, 파키스탄 북부 펀자브주의 도시인 암
리차르에서는 난처럼 대중적인 빵이다. 버터, 크림이 듬뿍 들어간 '펀
자브 요리'의 하나인 병아리콩을 끓여 만든 요리 등과 함께 먹는다.

늘어나는 치즈는
참을 수 없어

호록!

상점 〈칸차르 바차르〉
치즈가 듬뿍 들어간 쿨차.
카레는 물론 뜨거울 때 빵만 먹어도 좋다.

시미트

조식이나 간식으로 먹는 터키의 가장 대중적인 빵이다. 터키에서는 대부분 가게 앞에 산처럼 쌓아두고 팔거나, 거리에서 손수레에 싣고 다니며 파는 모습을 많이 볼 수 있다. 생지를 링 모양으로 만들어서 참깨를 뿌리는 것이 특징으로, 껍질은 바삭바삭하고 씹는 맛이 좋다. 밀가루와 소금, 물, 빵효모가 기본 재료로 쓰이고, 달걀을 넣는 경우도 있다.

시미트가 왔어요!

파는 사람은 대부분 아저씨가 많다

상점 〈디어맨 베이커리〉
고소한 참깨의 향기가 식욕을 자극한다.
크럼은 상상 이상으로 부드러워 먹기 좋다.

피데

이탈리아 피자의 원형이 되었다고도 하는 터키식 피자. 터키 빵의 총칭이기도 한 에크멕과 동일한 재료로, 밀가루, 소금, 물, 달걀, 빵효모를 사용하여 만든다. 필링이 없고 얇고 둥근 모양의 것과, 길쭉한 배 모양의 생지에 치즈나 다진 소고기 필링을 넣은 종류도 있다. 일반적으로 라마단이 끝나면 필링이 없는 둥근 모양의 피데를 먹는다.

배 모양의 피데는
오런 모양
←

라마단은 단식을 하는 기간

먹고 싶다...

《 터키 빵 》

상점 〈디어맨 베이커리〉
필링이 없는 타입의 피데. 위에 치즈 등을 얹어 먹어도 좋지만
그냥 먹어도 진한 버터의 맛이 그만이다.

아치마

터키식 파이와 같은 빵. 발효한 빵 생지를 얇게 밀어 버터를 듬뿍 바르고 링 모양으로 성형한다. 생지를 둥글릴 때, 터키의 가정에서는 양이나 염소의 우유에서 나오는 하얀 치즈 등을 넣고 만드는 일이 많다. 유지분이 많고 볼륨감이 있다.

파이 같기도 하고,
베이글 같기도,
너는 누구?

상점 〈디어맨 베이커리〉
파이보다 촉촉하고, 버터가 듬뿍 들어간
쫀득한 식감이 중독되는 맛.

피타

중동 지역에서는 수천 년에 걸쳐 주식으로 먹어온 빵으로 지금은 유럽은 물론 미국에서도 대중적이다. 이집트나 시리아에서는 샤미라고 부른다. 안이 빈 주머니 모양으로 영어로 포켓 브레드라고도 한다. 빵을 구울 때, 고온(약 300℃)에서 단번에 구워야 해서 중동 지역의 가정에서도 직접 만들기보다 사서 먹는 경우가 많다. 구워진 빵을 반으로 잘라서 빈 공간에 병아리콩을 넣고 후무스를 채워 먹는 것이 중동에서의 일반적으로 먹는 방법이다. 집에 있는 반찬들을 채워서 먹어 보고 싶다.

무엇이든 좋아
하지만 멈춰야 해

포켓 브레드
삼섬 (기노쿠니야)
주머니같이 빈 공간이 있는 통밀가루로 만든 손바닥 크기의 빵.
촉촉한 생지는 동서양을 불문하고 어떠한 속 재료와도 잘 어울린다.

빵의 역사

죽에서 빵으로 기원전 10000 ~ 4000년

빵의 원료인 밀이 재배된 것은 지금으로부터 1만 년 전입니다. 메소포타미아 문명 무렵, '비옥한 초승달 지대'라고 하는 티그리스강과 유프라테스강 사이에 있는 현재의 이라크와 그 주변국에서 그 시작입니다. 그 무렵에는 밀을 알갱이 상태나 죽처럼 만들어 먹었다고 합니다. 밀가루를 반죽해서 구운 '빵'을 먹게 된 것은 기원전 4000년경이라고 합니다. 이 무렵에는 반죽한 밀가루를 얇게 밀어서 재 속에 묻어 구운 평평하고 납작한 쌀 과자와 비슷했다고 합니다.

발효된 빵은 우연히 태어났다 기원전 3000년

부풀어 오른 발효된 빵이 등장한 것은 꽤 시간이 흐른 뒤입니다. 기원전 3000년 무렵, 고대 이집트에서 반죽한 빵 생지를 방치했는데 공기 중의 미생물(효모균이나 유산균)이 생지에 붙어 발효되었고, 부풀어 오른 생지를 구워보았더니 부드럽고 맛과 향기가 아주 좋았다고 합니다. 이것이 발효빵 만들기의 시작입니다. 이런 우연에 의한 발효를 당시 사람들은 '신이 주신 선물'이라고 기뻐했다고 합니다. 이후, 이집트에서는 빵 생지에 묵은 생지를 섞어서 발효했습니다. 또한 포도즙이나 와인에 담근 밀기울 등을 효모로써 사용했다고 합니다. 이 발효된 빵을 물에 침투시켜 다시 발효하고 액체 음료로 만든 것이 맥주입니다. 고대 이집트 왕조 사람들의 주식은 빵과 맥주 그리고 양파였다고 합니다.

빵 만들기의 기초는 고대에 확립되었다 기원전 2600년~5세기 무렵

이후, 빵 만들기는 고대 이집트에서 고대 그리스, 고대 로마로 퍼지게 됩니다. 빵을 굽는 방법도 재에 묻거나, 뜨거운 돌 위에 올리거나, 단지에 넣어 굽는 등으로 변화해갑니다. 또한, 고대 이집트의 고왕국 시대(기원전 2680~2181)에는 벽돌로 만든 화덕이 탄생했습니다. 고대 그리스에서는 화로에 넣거나 꼬치에 끼우거나 덮개를 씌워 굽는 등 빵을 굽는 방법도 다양하게 실험합니다. 또한 이 무렵, '빵집'을 의미하는 '피스토레스'라는 말도 등장하게 됩니다. 고대 로마 시대에는 정교하게 빵을 굽기 위한 가마가 만들어질 정도로 기술이 발전하였으며, 빵집들의 조합도 생겨났습니다.

종교 의식의 중심이 된 빵 5~13세기 무렵

중세에 들어서면서 빵은 기독교 의식과 밀접하게 연결되어 종교적인 의미가 강화되었습니다. 빵은 신의 은혜를 체현하는 음식으로, 수도원에서 서민에게 베풀었습니다. 크리스마스에 선물을 주고받는 풍습을 만든 성 니콜라스(산타클로스)의 선물에 빵이 포함되었을 정도로, 빵을 베푸는 일은 덕이 높은 행위였던 것입니다. 중세 유럽은 만성적인 식량 부족으로, 빵은 기아로부터 사람들을 구하는 중요한 식량이었습니다. 또한 그 시대에는 화재나 위생상의 문제로 집에 화덕을 갖는 것이 금지되었고, 빵을 굽는 화덕은 마을에서 떨어진 강 주변이나 성벽 근처에 만들도록 하였다고 합니다. 빵의 중량도 엄격하게 관리되어서, 단 1로트(약 16g)의 가벼운 빵을 만들어도 무거운 형벌이 주어질 정도였습니다.

빵에서도 일어난 르네상스 14세기~

이탈리아의 르네상스 운동이 일어나자 식문화도 함께 발전되어 유럽에서는 다양한 빵이 만들어지게 되었습니다. 더욱이 대항해 시대를 맞이하여 유럽 문화가 전 세계로 퍼지게 되었습니다. 일본에 처음으로 빵이 전해진 것도 이 무렵으로 총포가 전해진 16세기 중반, 처음으로 빵이 일본에 소개되었지만 통상수교 거부정책 등의 영향으로 인해 정착되지 못하다가 메이지 시대에 들어서면서 일본에도 서민들이 빵을 먹게 됩니다.

일본 빵

각형 식빵

식빵은 식사로 먹는 빵의 총칭으로 주식으로 먹는 빵이다. 식빵이라는 말을 비롯하여, 사각 모양의 식빵을 의미하는 각형 식빵도 일본 특유의 조합어이다. 각형 식빵이 사각형 모양인 것은 뚜껑을 덮고 굽기 때문이다. 미국의 '풀먼'사가 제조한 장방형의 철도 차량과 닮았다는 것에서 '풀먼 식빵'이라고 부르기도 한다. 그리고 식빵의 무게를 재는 1근의 단위는 척관법에서 약 600g이지만, 식빵 1근은 공정 경쟁 규정에 의해 340g 이상으로 정해져 있다. 일본에서 가장 많이 먹는 빵으로, 일본 독자적으로 다양한 진화를 거듭하고 있다.

빵이 구워지면
제빵사가 빵틀을
조리대에 탁탁 치는 모습이 좋아

타
탕

※ 빵의 측면이나 윗면이
파이는 것을 막기 위함

상점 〈센트레 더 베이커리〉
홋카이도산 밀가루를 섞은 생지로 구운 각형 식빵.
꿈결처럼 부드럽고, 녹듯이 혀에 닿는 촉감이 걸작이다.

쿠페빵

쿠페빵의 쿠페는 프랑스 빵 '쿠페'(p.16)에서 유래했다. 모양은 쿠페와 닮은 방추형이지만 배합은 식빵과 거의 동일하다. 모양은 작은 프랑스 빵, 속살은 식빵으로, 서로 혼합되어 만들어진 빵이다. 쿠페빵이 주류의 빵이 된 것은 2차 대전 이후, 학교 급식에 제공되면서부터이다. 식빵을 대신하여 한사람 분량의 작은 모양으로 만들어 보급되었다. 고로케나 야키소바 등 완전히 조리된 음식을 빵에 채워 넣어 먹을 때에도 많이 사용한다. 식빵과 비교하여 크러스트가 얇고 먹기 좋아서 쿠페빵 애호가가 상당히 많은 편이다.

상점 〈다이마츠 베이커리〉
폭신폭신 쿠페빵은 인기 상품.
앙버터나 잼, 땅콩버터를 듬뿍 발라 판매한다.

카레빵

수분을 적게 해서 만든 카레 필링을 빵 생지에 싸서 튀긴 빵. 식빵과 동일한 생지를 사용하는 경우가 많다. 처음으로 카레빵을 만든 것은 카토레아(당시, 메이카도)라는 빵집으로, 1927년 '양식 빵'이라는 이름으로 팔기 시작했다고 한다. 표면에 빵가루를 묻혀 튀기는 아이디어는 돈가스에서 힌트를 얻었다고 한다. 카레빵을 시작으로 다른 속 재료를 넣고 튀긴 다양한 빵이 만들어지게 되었다.

남성들은 대부분
카레빵을 좋아한다

좋아하는 빵은?
카레빵!

어르신

나한테는 역시
조금 기름진데 말이지

원조 카레빵

상점 〈카토레아〉

카레빵을 고안한 노포인 카토레아의 원조 카레빵.
달걀을 듬뿍 넣은 생지는 단맛이 나는 카레와 잘 어울린다.
매운맛도 판매한다.

단팥빵

일본에 빵 식습관을 뿌리내리게 한 역사적인 존재. 일본의 메이지 시대. 현재 기무라야소혼텐의 창업자가 일본인의 입에 맞는 빵을 위해 고심 끝에 만들어 메이지 일왕에게 바친 것을 계기로 폭발적인 인기 상품이 되었다. 게다가 메이지 일왕에게 벚꽃 소금 절임을 얹은 '벚꽃 단팥빵'을 헌상한 4월 4일은 단팥빵의 날로 정하여 기념일로 인정받았다. 전통적인 단팥빵은 술 호모를 배양한 주종으로 설탕이 많이 들어간 생지를 발효시켜 만든다. 시간과 품이 많이 들고 부풀림이 적지만, 독특한 향기와 풍미, 식감이 그만이다. 빵효모를 사용하면 풍만하고, 가벼우면서 부드러운 식감으로 구워진다.

팥 생크림

응용해서 만든 팥빵들도
꽤 맛있단 말이야

앙버터

호두 팥빵

164

주종 팥 케시

상점 〈기무라야소혼텐〉

주종 발효를 사용한 생지에 홋카이도산 팥이 듬뿍.
양귀비 씨 토핑은 메이지 7년의 창업 당시부터 이어진 전통적인 맛.

잼빵

1900년부터 기무라야소혼텐의 3대째 이어진 빵으로, 생지에 딸기, 살구 등의 잼을 넣어 만든다. 기무라야에서 처음 팔 무렵 대단한 평판을 얻어 인기를 모았다고 한다. 가늘고 긴 모양은 단팥빵과 구별하기 위한 것으로 지금도 그 모양 그대로 판매한다. 또한, 잼빵이 처음 만들어진 그 당시에는 주로 살구잼을 넣었다.

잼빵을 먹을 기회는 줄었지만
'잼'을 빵에 찍어 먹는 문화는
널리 퍼져 있다

상점 〈기무라야소혼텐〉
추억의 살구잼은 기무라야만의 특제 잼.
잼빵이 태어난 당시의 추억을 떠올리면서 즐기고 싶다.

크림빵

크림빵을 처음으로 만든 사람은 시주쿠 나카무라야 창업자의 부인으로, 처음 먹어본 슈크림 맛에 감탄하며 커스터드 크림을 빵 속에 넣으면 신선하면서 고급스러운 빵이 될 거라 생각한 것이 계기다. 1904년부터 판매하기 시작하였다. 독특한 글러브 모양은 크림을 넣을 때 들어가는 공기를 빼기 위한 것이며. 또한 크림빵이 탄생한 1900년 초기에는 야구가 크게 유행했기 때문이라는 등 여러 설이 있지만 정확한 것은 아니다. 지금은 단팥빵과 나란히 일본 3대 과자 빵의 하나로 거리의 많은 빵집에서 만들어 판매한다.

꺼뭇꺼뭇한 점들은
바닐라 빈

자가 제조 커스터드 크림을
쓰는 상점은 점수가 올라간다

훗

조금 덜 부드럽지만
묵직하고 둔탁한 느낌의
소박한 크림

상점 〈후지노키〉
농후한 커스터드 크림은 묵직하게 무게감이 있고
빵 생지는 폭신폭신 부드럽다.
갓 구워 나온 빵의 색은 반할 정도로 먹음직스럽다.

멜론빵

과자 빵의 생지 위에 비스킷 생지를 덮어씌우듯이 만들어서 구운 과
자 빵. 레시피가 멕시코의 과자 '콘차', 독일 과자 '스트로이젤 쿠헨'에
서 왔다고 하는 이야기가 있지만 정확한 것은 아니다. 이름의 유래 또
한 표면의 비스킷 생지에 넣은 격자 모양이 '머스크 멜론' 모양과 닮
아서, 또는 '머랭'에서 왔다는 등 여러 설이 있다. 관서 지방에서는 이
런 과자 빵을 선라이즈라고 부르는 상점도 많고, 아몬드 모양도 있다.

아몬드 모양 안에는
흰 팥앙금이 들어 있는 경우가 많다

상점 〈스위츠 하우스〉
선명한 격자 모양이 귀여운 멜론빵.
고소한 쿠키와 쫄깃한 생지의 조합은 정직하고 절묘하다.

코로네

코로네 또는 코르네라고도 하는 일본에서 태어난 과자 빵의 하나로, 코로네의 이름은 프랑스어로 '각(corne)' 또는 관악기 '코넷'에서 왔다는 설이 있다. 얇고 긴 빵 생지를 원뿔 모양의 코로네 틀에 감아서 굽고, 구워진 빵 생지 안에 크림을 넣는다. 구워진 후, 크림을 넣는 것은 크림의 신선함과 윤기를 보호하기 위해서이다. 주로 초코 크림이 많지만 생크림이나 커스터드 크림을 채워 넣은 것도 있다.

주문을 받으면 크림을
채워 넣습니다

이 문구에
약해진다니까

어른의 초코 코로네

상점 〈라 블랑제리 키농〉

부드러운 빵 생지에 채워 넣은 쌉싸름한 초코 크림.
어른을 위한 딱 좋은 단맛의 초코 코로네.

시베리아

양갱이나 팥소를 카스테라에 끼워 넣어 만든 과자. 1910년 무렵 빵집에서 만들었다고 한다. 당시는 어느 빵집에서나 흔히 볼 수 있는 빵이었다. 시베리아 이름의 유래는 양갱의 검은 부분이 시베리아 철도, 또는 시베리아의 꽁꽁 언 땅처럼 보인다고 해서, 또는 러일 전쟁에 종군한 과자 기술자가 고안했다는 등, 여러 설이 있지만 정확하지는 않다. 지금도 오래된 노포나 대형 슈퍼마켓의 빵 판매대에서 시베리아를 구입할 수 있지만 주로 도쿄를 비롯한 동일본 지역에서 눈에 더 잘 띈다.

시베리아 모티브의
오리지널 명찰을 만드니
잘 팔렸다
이유는 잘 모르겠지만

상점 〈생모리츠 메이카도〉
포만감을 주는 양갱이 들어간 시베리아.
커피, 녹차와 어울리는 묵직한 맛.

팥 도넛

팥소를 생지에 싸서 넣고 튀긴 일본식 도넛. 도넛은 크게 2종류로, 빵 생지를 성형해서 기름에 튀긴 '이스트 도넛'과 베이킹파우더를 넣고 케이크 생지를 사용한 '케이크 도넛'이 있다. 이스트 도넛은 폭신한 식감이 특징이고, 케이크 도넛은 쫄깃하게 씹히는 매력이 있다. 나사를 비튼 모양의 프렌치 크롤러는 이스트와 베이킹파우더를 넣지 않고 달걀을 넣은 슈크림 생지로 만든다.

누가 뭐래도 도넛의 친구는
우유가 제일이지~

오물오물 입안 가득
놀이 미어지도록
꿀꺽꿀꺽 호쾌하게
다 마셔버리고 싶어!

케이크 팥 도넛

상점 〈기무라야소혼텐〉

홋카이도산 팥으로 만든 팥소가 돋보이고,
케이크 생지가 감동적이다.
추억의 그리운 케이크 팥 도넛.

롤빵

영어로는 소형 빵을 'roll'이라고 총칭한다. 일본에서는 '빵'을 붙여 주로 롤빵이라고 부른다. 롤은 '말다'라는 뜻도 있어서, 버터를 많이 넣은 생지를 밀어서 감아 말은 버터 롤이 일본 롤빵의 대표가 되었지만, 롤빵에는 둥근 모양, 막대 모양, 꽈서 만든 모양 등 여러 가지 모양이 있다. 또한 생지에 건포도, 견과류, 초코칩을 넣은 종류 등 다양한 롤빵이 있다.

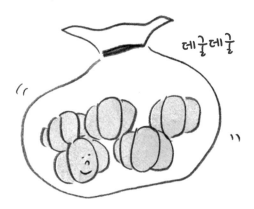

데굴데굴

작은 롤빵은 한 개씩 말고
여러 개 사두고 싶단 말이야

상점 〈아카마루 베이커리〉
손바닥 크기의 귀여운 롤빵.
은은한 단맛은 마음이 놓이는 그리운 맛.

샌드위치

빵에 속 재료를 끼워 넣은 요리는 고대부터 있었지만, 일본에 들어온 것은 19세기 말이다. 빵 끝을 잘라낸 식빵에 여러 가지 속 재료를 끼워 넣고 만들어, 독자적인 발전을 이루어 왔다. 돈가스를 넣은 가츠샌드나 계절 과일과 생크림을 넣은 과일 샌드위치 등, 일본인 취향에 맞는 맛과 아름다움을 추구하고 있다.

2차 대전 이후
거리에서 간판을 어깨에
앞뒤로 걸치고 다니는 사람을
샌드위치맨이라 불렀다

믹스샌드

상점 〈아카톰보〉

1950년 창업한 '샌드위치 파라'의 한 입 샌드위치.
간판 메뉴인 믹스샌드는 로스트비프, 채소, 햄, 달걀이 들어가
4가지의 호사스런 맛을 즐길 수 있다.

발효의 신비

빵은 효모균에 의해 발효됩니다. 효모균이 빵 생지에 들어가면 생지 안의 포도당을 먹이로 먹고, 탄산가스와 알콜로 분해되면서 살기 위한 에너지를 얻습니다. 발효하면서 생성된 탄산가스가 생지 안의 미세한 공기의 방에 모이게 되고, 글루텐의 힘을 빌려 하나하나를 기포 상태로 부풀려 보존합니다. 이것이 바로 빵을 부풀리게 하는 원리입니다. 야생의 효모균은 수백 종류로, 특히 사과나 포도 등의 과일이나 감자 등에 많이 살고 있습니다. 이들을 이용한 발효종은 효모는 물론 많은 유산균의 증식으로 강한 산미와 냄새가 나는데, 학술적으로 '사워종(sour dough)'이라고 부릅니다.

또한 빵효모 주체의 발효종과 구별하여 자연 발효종이라고도 부릅니다. 가정에서 빵 만들기에 가장 많이 사용하는 '빵효모=이스트균'은 자연계에 있는 '사카로미세스 세레비시아'라는 빵 생지의 발효에 적합한 효모를 배양한 것입니다.

빵효모는 사워종에 비하여 발효 시간이 짧으면서 발효 진행도 확실합니다. 맛 또한 시큼하지 않아서 폭발적으로 보급되었습니다. 사워종과 빵효모 모두 천연 효모로, 사워종 빵만을 천연 효모빵이라 부르는 것은 잘못된 것입니다.

사워종에 대해서

야생의 효모나 유산균을 빵 만들기에 적합하게 증식시키는 작업(종 만들기)은 시간과 수고 그리고 경험이 필요한 큰 작업입니다. 하지만 이 작업을 잘하게 되면 빵효모만으로는 얻을 수 없는 특유의 향과 풍미, 식감이 있는 빵을 만들 수 있습니다. 그렇기 때문에 세계 각지에서 전통적인 빵 만드는 방법이 오랫동안 이어지고 있습니다.

또한 호밀빵 만들기에 있어서 조금이라도 부풀림을 좋게 하기 위해 사워종 안에 있는 유산균에 의한 유산 또는 초산이 중요한 역할을 해 줍니다. 그러므로 빵효모를 사용하는 경우에도 호밀빵에는 호밀 사워종이 빠질 수 없습니다.

사워종 (천연 발효종)의 대표적인 예

파네토네종

이탈리아의 코모 호수 주변에서 시작된 전통적인 발효종. 막 태어난 송아지가 처음으로 모유를 마신 후의 장내 효모와 유산균을 밀가루 생지에 증식시킨 것이다. 장기간 보존이 가능한 파네토네에 빠질 수 없다.

르방종

프랑스의 대표적인 발효종. 주원료는 밀가루, 호밀 가루, 물. 프랑스의 빵에 대한 규정에 의하면 1g에 효모가 100만 개 이상, 유산균이 10억 개 이상 존재해야 한다고 정해져 있다.

호밀 사워종

북유럽에서 발달한 호밀 가루에 있는 효모나 유산균을 호밀 가루 생지에 증식시킨 발효종. 유산균 수가 상당히 많은 것이 특징으로, 호밀빵에 꼭 필요하다.

샌프란시스코 사워종

미국의 샌프란시스코 주변에 존재하는 효모와 유산균을 밀가루 생지에 증식시킨 발효종. 유산균 수가 많아서 빵의 산미가 강하다. 종 안에 있는 주요 유산균에 '락토바실루스 샌프란시스코'라는 샌프란시스코에서 유래된 학명을 붙였다.

과실종

사과나 포도에 있는 효모와 유산균을 과즙이나 밀가루 생지에 증식시킨 발효종. 효모의 발효력이 비교적 높다. 만드는 방법에 따라 과일의 향미가 풍부한 빵으로 구울 수도 있다.

홉종

맥주 제조의 원료인 홉을 끓인 물을 사용한 것이 특징. 독특한 풍미가 빵에 남아 있어 잡균의 증식을 억제하는 효과도 있다고 한다. 일본에서는 빵효모가 보급되기 이전, 빵 만들기에 주종과 함께 사용했다고 한다.

주종

쌀누룩과 쌀밥을 원료로, 쌀에 있는 효모와 유산균을 증식시켜 일본 술의 양조를 응용한 일본 오리지널의 발효종. 메이지 일왕에게 주종 단팥빵을 헌상한 것이 일본의 빵 발전의 시작이기도 하다. 쌀누룩에 의해 쌀밥의 전분이 맥아당으로 분해되어 효모와 유산균의 영양원이 된다.

빵의 제조법
대표적인 빵 만들기 방법의 이모저모

1. 스트레이트법 (직접 반죽법)

모든 재료를 한 번에 섞어서 생지를 만드는 방법. 전통적인 스트레이트법은 반죽 정도가 약해서 생지는 기포 수는 적고, 기포 막이 두꺼워지기 때문에 씹히는 맛이 좋은 탄력 있는 빵이 된다. 생지의 풍미가 잘 살아 있지만, 기계화 작업을 하는 대량 생산에는 적합하지 않다.

2. 노타임법

빵효모나 산화제의 양을 늘려서 발효 시간을 30분 이내로 단축시켜 만드는 제조법. 믹서로 최대한 반죽을 하기 때문에 기포 수가 많고 부드러운 빵으로 만들어진다. 하지만 발효 시간이 짧아 발효의 풍미가 약하고 원재료의 냄새가 강한 빵이 된다.

3. 액종법

빵 특유의 향이 부족한 노타임법의 결점을 보완하기 위해 미국에서 개발된 방법. 설탕, 빵효모, 물을 섞어 발효시킨 액종을 노타임법으로 믹싱한 생지에 배합한다.

4. 중종법 (스펀지법)

재료의 일부를 먼저 반죽하고 발효시켜 중종으로 사용하는 제조법. 밀가루와 물, 빵효모를 반죽해서 3~4시간 발효시킨 '중종'에 남은 재료를 넣고 반죽해서 빵 생지를 만든다. 부드러운 식빵이나 과자 빵에 적합한 제조법으로 일본에서 소비되는 중종법의 하나다. 중종을 냉장고에서 보존해서 발효를 늦추는 '오버나이트 중종법'과 과자 빵 제조에 사용하는 '가당 중종법' 등이 있다.

5. 폴리시법

빵효모가 보급되기 이전에 주류였던 제조법으로, 맥주 효모를 비롯한 발효종을 동량의 밀가루와 물을 넣고 만든 부드러운 생지(폴리시종)로 발효시켜서 남은 재료에 배합한다. 폴란드에서 전해졌다고 하여 이름이 붙여졌다. 발효에 의한 강한 향과 풍미의 빵이 만들어진다.

6. 사워종법

야생의 효모나 유산균을 많이 함유한 초종을 만들고 여러 차례 종을 이어가며 발효시켜 사워종을 완성한 다음, 재료와 함께 반죽하여 생지를 만드는 방법이다. 초종은 프랑스어로 셰프, 독일어로는 안슈텔구트라 한다. 초종부터 시작해 만들어진 빵에 사용하는 사워종은 일본에서 시아게(완성)종이라고도 하며 프랑스에서는 르뱅, 독일어로는 폴사워라고 한다.

7. 파트 페르망테법

발효된 빵 생지를 일부 남겨두었다가, 발효종으로 새로운 빵 생지에 넣는 방법. 노면법 또는 고생생지법 라고도 한다. 발효가 진행된 생지 특유의 산미가 빵의 특징이다.

8. 탕종법

밀가루의 일부를 따뜻한 물로 반죽하여 전분을 호화(알파화)시킨 것을 빵 생지에 더한 방법. 전분의 호화도가 늘어나서 촉촉하고 쫄깃한 빵이 만들어진다. 익반죽법, 알파종법이라고도 한다.

상점 정보

* 일본 주소지와 전화번호는 원문 그대로 표기했습니다.

동크

1905년, 고베에서 창업. 뛰어난 기술을 가진 제빵사들이 반죽부터 굽기까지 모든 공정을 가게 안에서 하는 '스크래치 제조법'을 고집하며 최상의 품질의 빵을 일본 각 지역에 제공한다.

http://www.donq.co.jp/

파라 에코다

카운터 좌석 4개와 테이블 2개의 아담한 가게로, 하드 계열의 식사용 빵이 10여 종류 이상 진열되어 있다. 원하는 속 재료를 골라 만드는 샌드위치는 포장이 가능하며, 술도 함께 즐길 수 있다.

http://parlour.exblog.jp

메종 카이저

천재 제빵사 에릭 케제르가 부활시킨 프랑스 전통 르빵을 사용해 빵을 만든다. 수고를 아끼지 않고 옛날부터 전해오는 빵 만들기 방식을 고수하며 본고장의 맛을 전하고 있다.

http://www.maisonkayser.co.jp

르 르솔

파리의 유명한 상점 에릭 케제르에서 경험을 쌓은 점주가 운영하는 블랑제리. 자가 제조 천연 효모와 엄선된 재료로 만든 빵은 원재료의 풍미가 넘쳐난다.

東京都目黒区駒場3－11－14昭和ビル1F.
03-3467-1172

비고의 상점

세계적인 제빵사 필립 비고의 정신을 충실하게 재현하며 본격적인 프랑스 빵을 만들고 있다. 전통 과자를 비롯하여 프랑스의 풍부한 식문화 보급에도 열정을 쏟고 있다.

http://bigot-tokyo.co.jp/

도미니크 사브론

전 세계의 미식가가 주목하는 제빵사인 도미니크 사브론이 감수한 전문점. 프랑스 전통적인 제조법으로 빵을 만들며, 파리의 3성 레스토랑에도 제공되고 있는 현지의 맛을 즐길 수 있다.

http://www.dominique-saibron.com/

곤트란 쉬리에

프랑스에서 국민적인 인기를 얻고 있는 곤트란 쉬리에가 만든 상점. 파리에서 사랑받는 전통적인 빵과 일본 특유의 재료를 융합해 '전통과 혁신'이 결합된 빵을 제공한다.

http://gontran-cherrier.jp

르 팽 드 조엘 로브숑

조엘 로브숑의 첫 번째 빵 전문점. 프랑스의 대표적인 빵을 비롯하여 엄격하게 고른 재료와 높은 기술력과 풍부한 발상까지 발휘하여 만든 갓 구운 빵들을 판매한다.

http://www.robuchon.jp/lepain

알타무라

이탈리아의 프리아 지방 제빵사의 협력을 얻어 태어
난 포카치아와 이탈리안 음식 전문점. 다양한 토핑의
포카치아 이외에도 이탈리아 빵과 디저트를 판매한다.

http://www.altamura.jp

장 프랑코

이탈리아의 브라 마을에서 1923년 창업한 빵 가게.
GianFranco Fagonola가 90년 이상 대를 이어
온 천연 효모를 전수받아 밀가루 본연의 맛을 끌어낸
빵을 제공한다.

http://gianfranco.jp

쇼마커

독일의 오가닉 베이커리 'Die Bio Beackerei
Schomaker'에서 경험을 쌓은 주인이 건강과 영양
면에 뛰어난 독일 빵을 추구하며 매일 빵을 만들고
있다. 다양한 호밀빵을 중심으로 판매한다.

http://www.schomaker.jp/

베커라이 카페 린데

본격적인 독일 빵과 독일 과자를 다양하게 제공하는
베이커리. 본점인 기치조지점은 넓은 공간의 카페도
함께 운영한다. 백화점 행사에도 적극적으로 참여하
며 독일의 식문화를 소개하고 있다.

http://www.lindtraud.com/

탄네

독일인 마이스터의 지도를 받아 현지에서도 사라져
가는 전통적인 제빵 기술로 만들어 판매하는 독일 빵
전문점. 독일의 알고이 지방에서 수입해 온 치즈와
소박하고 맛있는 독일 과자 들이 상점 가득 진열되어
있다. 독일의 식문화를 전하려는 열정과 노력이 느껴
지는 상점이다.

東京都中央区日本橋浜町2-1-5　03-3667-0426

파네 에 올리오

일본식 가옥을 리뉴얼한 인상적인 이탈리안 빵 전문
점. 전통적인 재조법으로 제대로 만든 이탈리아의 빵
을 충분히 즐길 수 있다. 이탈리아 빵과 뗄 수 없는
올리브 오일도 제공한다.

http://paneeolio.co.jp

마인베커

독일 빵을 중심으로 재료 선별부터 신념을 가지고 빵
을 만들어온 치바현 미나미교토쿠의 명물. 배합 비율
이 다양한 여러 종류의 호밀빵을 판매한다. 일본 음
식에도 잘 어울리며. 건강에 좋은 빵 만들기를 매일
고민하고 있다.

千葉県市川市新井1-6-7　047-711-1015

베크슈투베

이와테현 하나마키 지역에 있는 독일 빵과 독일 케이
크 전문점. 독일인 주인이 일본산 밀가루와 자연란.
무농약 과일 등으로 재료에 고집을 가지고 본고장의
맛을 제공한다.

http://www.backstube-hanamaki.com

베커라이 브로트짜이트

독일의 오가닉 빵집에서 기술을 익힌 주인이 만드는.
깊은 맛의 빵을 판매하는 인기 상점이다. 점포에서는
좋아하는 빵을 골라 즉석에서 만드는 샌드위치와 무
농약 채소도 판매한다.

茨城県つくば市天久保2丁目10-20
029-859-3737

사이라

오스트리아인이 만든 빵을 만날 수 있는 곳으로, 양
과자 마이스터 아돌프 잘리어가 오스트리아 빵의 매
력을 전하는 시즈오카의 명물. 함께 운영하는 카페
'사이라'에서는 오스트리아 현지의 분위기를 즐길
수 있다.

http://sailer.jp

그뤼네 베커라이

풍미 넘치는 스위스 빵을 제공하는 전문점. 이스트 푸드나 첨가물을 사용하지 않고, 저온 장시간 발효를 거쳐 스위스의 전통적인 빵 만들기로, 본래의 맛을 고집한다.

http://www.ne.jp/asahi/wweg/gorey/grune.html

moi(카페모이)

북유럽과 핀란드를 너무 사랑하는 주인이 운영하는, 기치조지에 있는 북유럽풍의 카페. 매장 안에서만 먹을 수 있는 시스템이지만. 수. 토, 일요일에는 시나몬 롤에 한해서 포장이 가능하다.

http://www.facebook.com/moicafe

기노쿠니야

세계 각지에서 빵 만들기를 배운 제빵사들의 기술이 모여, 다양한 나라와 지역의 빵을 제공한다. 전통을 중요하게 여기면서 질리지 않는 맛이 매력적이며, 빵의 개성을 잘 살린 맛을 즐길 수 있다.

http://www.e-kinokuniya.com

차이카

차이카는 러시아어로 '갈매기'의 의미한다. 창업 이후, 약 40년의 세월이 담긴 안정된 분위기와 제대로 만든 러시아 요리를 즐길 수 있는 인기 음식점. 코스 요리 또한 다양하게 준비되어 있다.

http://www.chaika.co.jp

베이글 스탠다드

뉴욕 스타일의 베이글을 제공하는 포장 전문점. 뉴욕에 살던 주인이 추구하는 것은 본고장에서 사랑받아 온 베이글이다. 밀가루의 정제 과정부터 조절하며 현지의 맛을 재현하고 있다.

http://www.bagelstandard.com

안데르센

일본에서 처음으로 데니시 페이스트리를 판매했다. 덴마크의 라이프 스타일을 표본으로, 빵이 있는 풍요로운 생활을 제안한다. 각 점포에서는 편안한 분위기에서 제대로 된 유럽의 빵을 즐길 수 있다.

http://www.andersen-group.jp

KITOS

핀란드에서 경험을 쌓은 주인이 직접 만드는. 일본 어디에서도 보기 드문 핀란드 빵 베이커리로 교토에 있다. 이스트 푸드나 안정제를 전혀 사용하지 않고 구워낸 빵은 잡곡 본래의 맛을 살린 소박한 맛이다.

http://www5a.biglobe.ne.jp/~kiitos/

시부야 로고스키

1951년 창업한 일본 최초의 러시아 요리 레스토랑. 본고장 러시아 요리를 맛볼 수 있는 곳으로, 약 60년에 걸쳐 지금까지 사랑받고 있다. 이곳의 명물인 검은 빵과 피로시키는 포장도 가능하다.

http://www.rogovski.co.jp

시퍼즈

영국의 5성급 호텔 '더 사보이'에서 수석 파티시에를 지낸 마틴 시퍼즈가 감수한 스콘 전문점.

http://ja-jp.facebook.com/CHIFFERS.tokyo
銀座三越地下2階 03-3562-1111(大代表)

크리스피 크림 도넛

1937년 미국에서 창업한 세계적인 도넛 체인점. 비밀 레시피로 만든 고품질의 도넛을 제공한다. 일본에는 2006년. 1호점을 오픈하자마자 큰 인기를 얻었다.

http://krispykreme.jp

이토우

가나가와현 오다와라 성 근처의 상점으로, 금, 토, 일만 영업하는 뻐옹 지 케이주 전문점. 맛이 다른 10여 종류의 뻐옹 지 케이주를 만든다. 쫄깃쫄깃한 식감을 추구하고 있으며, 멀리서도 많은 방문객이 찾아온다.

✖상점명 grit로 바뀜. 일주일 모두 영업.
http://grit-odawara.com
神奈川県小田原市本町1-11-14 0465-23-1927

鹿港(루강)

가게 이름은 점주가 경험을 쌓은 대만의 빠오즈 100년 상점 '振味珍(전웨이전)'이 있는 대만 중부의 도시 이름에서 유래했다고 한다. 고기 찐빵, 팥 찐빵, 만러우를 판매하는 세타가야의 인기 상점.

http://www.lu-gang.com

반미☆샌드위치

다카다노바바역에서 도보로 1분 거리에 있는 반미 전문점. 점포 밖은 서서 먹는 사람들로 북적거릴 때가 많다. 바삭하면서 가벼운 맛의 반미는 기존의 빵 기술을 배웠던 점주가 만드는 고집 있는 빵이다. 직접 구운 빵도 판매한다.

新宿区高田馬場4-9-18 畔上セブンビル101
03-5937-454

디어맨 베이커리

터키산 돌 가마에서 구운 터키 빵만을 특화시킨 베이커리. 터키에서 온 셰프가 다양한 재료를 조합해서 만든 베리에이션이 풍부한 터키 빵을 일본에 소개하고 있다.

✖폐점
東京都豊島区池袋2-22-3 03-5944-9119

다이마즈 베이커리

폭신폭신한 필링을 끼워 만든 달걀 샌드위치나 큼직한 고로케 샌드위치 등, 추억의 반찬이나 재료가 들어간 빵 종류가 많은 거리의 작은 빵집. 열성 팬이 많은 이케부쿠로의 유명 상점이다.

東京都豊島区東池袋2-1-10 03-3971-2429

FRIJOLES(프리홀레스)

제대로 만든 브리토를 편안하게 즐길 수 있는 전문점. 엄선한 속 재료는 인디카 쌀을 사용한 라임 라이스와 블랙빈 등 본고장의 맛을 10여 종류 이상 갖추고 있다. 게다가 배달도 가능하다.

http://www.frijoles.jp/index.html

篭蔵(카고조우)

안심할 수 있는 재료와 수제를 고집하는 빠오즈, 중화 만두 전문점. 기치조지에 있는 점포에서는 하나하나 정성스럽게 손으로 빚는 모습을 볼 수 있다. 유명 라멘점 '이치엔'에도 카고조우의 만두를 납품하고 있다.

http://www.kagozo.com

칸차르 바차르

북인도 요리 베이스의 카레, 탄두리 치킨, 시크카바브 등을 맛볼 수 있는 인도 음식점. 주문 즉시 탄두르에서 바로 구워낸 난, 치즈 쿨차, 견과류가 듬뿍 들어간 카브리 난의 맛이 일품이다.

東京都豊島区南大塚3-2-10 林ビル2階
03-5954-5551

센트레 더 베이커리

정말 맛있는 빵을 제공하기 위해 문을 연 식빵 전문점. '각형 식빵'과 뚜껑을 덮지 않고 구운 '산형 식빵', '잉글리시 브레드' 3종류만 판매하고 있다. 상점에서 바로 만든 샌드위치를 맛볼 수 있다.

東京都中央区銀座1-2-1 03-3562-1016

카토레아

1877년 '메이카도'라는 이름으로 문을 연 후, 1927년 카레빵의 뿌리가 되는 '양식 빵'을 발매 개시. 지금도 상점가의 명물로, 카레빵을 찾아 방문하는 사람들로 발길이 끊이지 않는다.

東京都江東区森下1-6-10 03-3635-1464

기무라야소혼텐

1869년 창업 이래, 일본의 빵 문화를 이끌어온 노포. 주종 단팥빵을 비롯하여 140년에 걸쳐 일본 풍토에 맞는 빵을 끊임없이 추구하며 대대로 빵 만들기를 이어오고 있다.

http://www.kimuraya-sohonten.co.jp

스위츠 하우스

니시오기쿠보에 있는 전설의 멜론빵 전문점 '메로나'의 레시피를 전수받은 양과자점이다. 좋은 재료를 쓰면서 상품 수를 줄여 저가 가격제를 실현하고 있다. 온라인 판매 또한 인기가 높다.

東京都渋谷区笹塚2-11-6 03-3373-6771

생모리츠 메이카도

아자부주반 상점가에서 오랫동안 자리를 지키며, 가족이 운영하는 빵집. 점포에는 특별한 채소빵을 비롯한 과자 빵이 진열되어 있다. 다양한 연령대의 손님들이 찾아오는 이 지역의 명물 상점.

東京都港区元麻布3-11-6 03-3408-6381

아카톰보

1950년 긴자 나미키도리에서 창업한 샌드위치 상점. 엄선한 식재료로 수고를 아끼지 않고 만든 한 입 크기의 샌드위치는 아주 고급스러운 맛. 작고 아름다운 모양은 선물하기에도 좋다.

http://www.akatombo1950.com

후지노키

창업 이래 80년을 이어온 니시오기쿠보 지역에서 여전히 사랑받고 있는 동네 빵집. 속을 가득 채운 채소빵, 옛날부터 만들어온 과자 빵들이 진열되어 있다. 또한 바게트, 치아바타처럼 심플한 빵도 인기가 있다.

東京都杉並区西荻北3-16-3 03-3390-1576

라 블랑제리 키뇽

식사용 빵에서 과자 빵까지 장시간 숙성 발효한 빵을 기본으로 여러 가지 아이템을 판매하는 불랑제리. 그 중에서도 촉촉한 맛의 각종 스콘과 어른을 위한 초코 코로네는 인기 상품이다.

http://www.quignon.co.jp

아카마루 베이커리

창업 이래, 스테디 상품을 정성껏 만드는 모습은 지금도 고객들의 사랑을 꾸준히 받고 있다. 자츠시가타니 지역의 주민들의 발길이 끊이지 않는 상점. 빵 이외에도 러스크, 푸딩 등의 양과자도 인기가 있다.

http://www.toshima.ne.jp/~akamaru/

참고 문헌

《パン入門》(日本食糧新聞社)/《世界の食文化》(農文協)/《パンの歴史》(原書房)/《パンの世界》(講談社メチエ)
《お菓子の由来物語》(幻冬舎)/《パンシェルジュ検定1〜3級》(実業之日本社)/《パンの文化史》(講談社)
《食の世界地図》(文芸春秋)/《世界の食物百科》(原書房)/《素敵なパンの世界》(講談社)
《ドイツ国立パン講師によるドイツパン》(日本パン技術研究所)/《MOFによるフランス製パン》(日本パン技術研究所)
《マイスターによるオーストリア製パン》(日本パン技術研究所)/《パンの事典》(旭屋出版)/《パンの図鑑》(マイナビ)
《ジェフリー ハメルマン氏によるアルチザンブレッド》(日本パン技術研究所)/《中世のパン》(白水社)

자~ 그럼
다음에 또 만나!

세계의 귀여운 빵

1판 1쇄 펴냄 2021년 7월 15일
1판 2쇄 펴냄 2023년 6월 1일

일러스트　　판토타마네기　　Pan to tamanegi (Mai Hayashi)
감수　　이노우에 요시후미 Yoshifumi Inoue
옮긴이　　이진숙
펴낸이　　하진석
펴낸곳　　참돌
주소　　서울시 마포구 독막로3길 51
전화　　02-518-3919

ISBN　　979-11-88601-50-9　12590

Originally published in Japan by PIE International
Under the title 世界のかわいいパン (Sekai no Kawaii Pan)
© 2015 PIE International

PIE International

Original Japanese Edition Creative Staff:
Photographer: Misato Iwasaki
Art Director: Idea Oshima
Editor: Rie Sekita

Korean translation copyright © 2021 by CHARMDOL
Korean translation rights arranged through Eric Yang Agency, Inc, Korea

일러스트
판토타마네기(하야시 마이)

일러스트레이터이자 디자이너. 빵 애호가로
2006년부터 빵에 관한 무가지 《ぱんとたまねぎ
(빵과 양파)》를 발행하였다. 주요 저서로 《오이시
이 빵》이 있다. 빵과 양파라는 뜻의 판토타마네기
라는 이름은 '당신만 있다면 빵과 양파만 먹는 가
난한 생활도 좋다'라는 스페인의 프로포즈 코멘트
를 따라 지었다.
http://pantotamanegi.com

감수자
이노우에 요시후미

사단법인 일본 빵 기술연구소 소장. 빵 산업의 발
전을 통한 제빵 기술의 향상을 위해 하루하루 열
정과 에너지를 쏟고 있다. 주요 저서로 《パン入門
(빵 입문)》과 감수서 《세계의 빵 도감》, 《세상의
맛있는 빵 도감》 등 다수가 있다.

옮긴이
이진숙

대학 1학년 때 처음 갔던 도쿄에서 사 먹은 빵을
못 잊어 대학 졸업 후 동경제과학교에서 빵을 배
웠다. 빵을 시작으로 음식과 술의 매칭 연구는 이
어졌고, 일본 서적 저작권 에이전시를 운영하며
요리 일을 병행했다. 현재 소규모 케이터링 및 개
인 주문을 받고 있다. 엮은 책으로 《도쿄의 오래된
상점을 여행하다》가 있다.